宜室宜家 **243**

个 DIY 创意带你
亲手打造有爱家居

YOUNG HOUSE LOVE

243 WAYS TO PAINT, CRAFT, UPDATE & SHOW YOUR HOME SOME LOVE

[美] 雪莉、约翰·皮特斯克　著

鲁　京　译

U0312210

人民邮电出版社

北　京

图书在版编目（ＣＩＰ）数据

宜室宜家：243个DIY创意带你亲手打造有爱家居 / （美）雪莉，（美）皮特斯克著；鲁京译. -- 北京 ：人民邮电出版社，2014.6
（爱上家居）
ISBN 978-7-115-35180-7

Ⅰ．①宜… Ⅱ．①雪… ②皮… ③鲁… Ⅲ．①住宅—室内装饰设计 Ⅳ．①TU241

中国版本图书馆CIP数据核字(2014)第089226号

版权声明

内 容 提 要

本书介绍客厅、卧室、厨房、花园等家居环境的改装术，以软装饰为主，利用 DIY 创意将家居生活打造得更为舒适。书中每个项目都会给出该项目的开销、时长、注意事项，并且步骤详细、图文并茂，用改造前和改造后的照片做对比。

◆ 著　　　[美]雪 莉　约翰·皮特斯克
　　译　　　鲁 京
　　责任编辑　周桂红
　　执行编辑　马 涵
　　责任印制　周昇亮
◆ 人民邮电出版社出版发行　　北京市丰台区成寿寺路 11 号
　　邮编　100164　电子邮件　315@ptpress.com.cn
　　网址　http://www.ptpress.com.cn
　　北京捷迅佳彩印刷有限公司印刷
◆ 开本：889×1194　1/20
　　印张：16.2
　　字数：552 千字　　　　　　2014 年 6 月第 1 版
　　印数：1 – 3 500 册　　　　 2014 年 6 月北京第 1 次印刷
　　著作权合同登记号　图字：01-2013-4945 号

定价：89.00 元
读者服务热线：(010)81055339　印装质量热线：(010)81055316
反盗版热线：(010)81055315
广告经营许可证：京崇工商广字第 0021 号

献给女儿克莱拉和狗狗汉堡，有了你们房子才完整。

目 录

你好，我们是雪莉和约翰·皮特斯克（想象一下我们轻轻摘掉帽子、带着毫不献媚的微笑欢迎你的样子）。很高兴认识你。首先，感谢你选择阅读我们的书。其次，我们感觉到你很棒，你正春风得意，神气十足。但这也够奉承了。你可能在想，我们到底是何许人，要谈房屋翻新装修的话题，以及我们有没有获得过相关学位，或者我们有没有接受过长期正规的相关培训。答案是没有，什么都没有。我们既没有获得过任何设计学位，也没有接受过任何正规培训。

你知道吗，我们在 2006 年开始翻新装修第一个房子时，只是 25 岁的小青年，当时还比较天真。我们在美国弗吉尼亚州的里士满有一个 120 多平方米的小型砖砌平房，我们俩便梦想着将那个平房改造成一个心仪的房屋。起初，我们的目标只是希望让那个屋子不要像一个挂着过时窗帘、四面都是压抑的砖墙、黑漆漆的镶着木板的狩猎小屋；但后来我们觉得可以做得更好些，所以我们的目标随后演变为一种愿望，即创造一次将会为之骄傲的全屋大转型。

我们渴求创意，想找到一本书提供一些建议，能使我们的屋子既具有个性又讨人喜爱。书中的建议不能使装修过于花哨或昂贵，这对于我们这样的小气鬼来说是遥不可及的（是的，我们很乐意用小气来形容自己），书中也不能满是些有关箱形褶裥或专业装潢公司的信息（什么是箱形褶裥？反正也不清楚）。但是，结果是我们没有找到这样的书。我们只想要一本书，能激发我们的想象力，用简单的、通俗的语言给我们提供一些能真正实施的想法，以此激发我们的灵感。

图序 -1　装修的第一个小房间，翻修之前与翻修之后

图序 -2　翻修之前与翻修之后的厨房

图序 -3　翻修之前与翻修之后的客厅

因此，这次装修的关键就是制订一个既切实可行又节省开支的方案。但是，通过阅读大量有关家居装修的书籍，我们觉得这次装修将会是我们所经历的规模最大、花费最多的一项工程。你瞧，我手心都冒汗了。我们想要的是经济实惠的装修方案，但是也不能违心接受那些看起来劣质的、外行的东西。你能理解，对吧？总之，我们想要的是外表华贵但成本低廉的装修。如果你愿意，花点小钱也能享受奢华。

可惜我们最后两手空空地离开了书店。于是我们就决定立刻投入进去，开始干起来。沿着正确路线边走边学习；一次解决一个小项目，这样就不会出现现金短缺、招架不住的可悲现象；我们还将大的事项分解成一系列小的模块。时间一长，我们逐渐有了信心，积累了专业知识和专业技能（现在你可以想象这样的一幕：后台播放着电影《洛奇》中的音乐，我们俩不畏艰难，坚持梦想）。现在我们可以自豪地告诉你，用了5年时间，我们不仅解决了难题，完全改造了第一所房子，而且生活得更加美满，我们在这所爱巢的后院里举行了完全由自己筹备的婚礼。

2010年，我们迎来了我们可爱的小女儿名叫克莱拉，原来的三口之家[是的，我们用90多美元（1美元≈6.1元人民币）买下的吉娃娃——汉堡，也算作家庭一员]就上升为4口了。我们拥有了最好的

DIY作品（即我们的女儿），几个月之后，我们卖掉了那所经过彻底翻修的第一所房子，搬进了另一所需要做大量工作的房子，一直住到现在。离开第一所房子时，我们很伤心，但同时也无比兴奋。

为什么呢？因为我们不想按兵不动，很渴望开始另一段疯狂而有趣的旅程，买下一所具有翻修潜质的旧房子，将其再次改造成一所心爱的家园。而这一次翻修时有我们的狗和宝宝陪在身边。

如果你能从照片中认出我们，你可能熟悉我们的博客——Young House Love（网址是youghouselove.com）。2007年我们开始在网上写我们的DIY日志，记录与我们住所有关的经历给朋友和家人看。当时我们对博客和站点维护一窍不通，就如同我们起初对房屋翻修与装潢知之甚少一样。不知怎的，它后来发展成一个热闹非凡的小网站，现在已经成了我俩的全职工作。在博客中，就像是在工作一样，我们给大家详细讲述了我们经历的有关房屋改造的所有事情（一次次的尝试、艰辛、失败和成功）。因为这就是我们的工作。我们感到最吃惊的是我们的博客竟然有定期访问的粉丝，除了我们的父母，还有一些我们不认识的人，一个月达到大约500万的点击率。够疯狂吧！在这里，我们要给那些曾经驻足我们的博客，想了解我们最新动态的人，送去一个大大的吻。很爱你们，真的。

当这次写书的机会出现时，我们立刻就知道想干什么了。哦，也不是立刻。刚开始时我们不敢相信，捏了自己一把，像现如今的吞世代一样尖叫了大概两天两夜。然后我们又变得惶恐不安，考虑回绝写书的邀请以防出丑丢脸。但是经过一周的了解，我们变得胸有成竹，又开始表现得像正常人了（我们把自己称为正常人，所有认识我们的人十有八九会对我们的这种说法狂笑不止）。无论如何，最终我们稍稍动了这样一个念头：我们可以写一本当初我们一直想买的书。说实话，这让我们兴奋不已。

我们喜欢提出很多建议，供那些在自己房屋的装修问题上觉得困难重重或缺乏灵感或者简直束手无策的人参考。你看，这本书里包括对我们有用的东西、我们在房屋改造过程中学到的东西，还有一些经典的装修想法，更多的是我们的 DIY 具体事项。我们希望其他人也像我们一样不能自拔地爱上自己的居所。带着这个想法，我们就着手写一本书，里面都是些可行的、能负担得起的、不会使人望而生畏的房屋翻修想法，期望能使其他人的房屋改造更上一层楼。实际上，6 年前当我们开始将房屋改造成我们的温暖之家时，我们要找的正是这样的一本书。

于是经过了 2190 天的居住、学习，又几乎全靠自己完成了一项重大的房屋翻修工作（而后，又兴致勃勃地着手另一所房子的改造工作），这不，这本书就成形了。我想我们是对 DIY 非常着迷，所以当时才决定一切都由自己来干。我们希望对于那些试图使他们的居所多一点舒适、少一点平庸的人，这本书能派得上用场。因为我们完全能描述得出在那个重大的日子，当房门钥匙交到你手上时，作为房子的主人你的那种毫无头绪、手心冒汗的感觉。天哪，那种感觉记忆犹新，就像是在昨天一样。

闲话少说（麻烦可能还会有，不过我们迟早会解决的），我们非常激动地给大家分享几个疯狂的装修想法、建议和观点，这些东西一直萦绕在我们热爱设计的头脑中。要知道，正是这些想法使我们激动不已，拿起大锤砸了漆刷，砸了打钉枪，砸了涂胶枪，还砸了我们工具箱和工艺抽屉里的其他东西。现在就诚挚邀请你加入我们的 DIY 探险世界，和我们一起边走边学，因为我们经常说，旅程本身和目的地一样重要，在进行的过程中弄懂事情是件很有乐趣的事。见鬼，我们现在每天还在继续这样的事，在 DIY 世界里这个小小的自驾游旅程中，我们将和你一同前行。那么赶快跳上车吧！我们甚至能让你有猎枪！

永远是你的挚爱，
雪莉和约翰

XO,
Sherry + John

引 言

　　把这本书当成一个思想的启动器、一个跳板、一个起点、一个灵感的奇妙源泉。一个小点子可能就是解决整个家装问题的关键。因为任何事情都是始于一个想法。

　　我们写这本书的目的是要收编几百条有意思的、看似简单的、花费不大的家装想法（这些想法当中，既有传统经典的思维又有你想不到的创意点子——因为最好的家装是两者皆有）。这本书中会列出大量的家装方案、建议和作品花絮，还有我们学到的经验教训，这些都能使读者兴奋不已，给他们信心，自己动手开创一条道路，通向一所可以称之为家的更幸福、更实用、更有魅力的地方——也就是一所你不禁想亲吻的房子（我们可不是在说你送给你姑姑的匆匆一吻）。

　　在你阅读我们这一小集家装建议时，你或许会有这样的想法：这一点我从来没想过；我已经想到那一点，正要试一试；或我已经那样做过了，来击个掌吧。希望这三种想法你都有。关键是要浏览里面的内容，挑选你感兴趣的方案设计。这是一本不错的老式的创意设计书籍。没什么很严肃的内容。因为认识我们的人都知道，我们尽量不会把事情看得过于严肃，可能这就是我们当初没有放弃房屋改善工作的原因（平安夜里的 11 点，如果你还在粉刷你家橱柜，你就得有种幽默感……没错，这是经验之谈）。

　　不管是租房者还是私房屋主，不管是刚刚搬进新家的人还是已经装修了房子但总觉得缺点什么的人，不管是喜爱高水平 DIY 设计的人还是那些谈到自己动手就有些紧张的人，这本书都同样适用。对于那些从未翻看过家装书籍或画过建筑平面图的人，或是对于那些已经看过和听过这本书不下 10 遍但是还没有真正拿起锤子或漆刷干起来的人，这本书也同样适用。也许将书中某些内容看到第 11 遍时你就会决定试试看，也许当你知道我们曾经也是由租户转变成房主的新手，一点经验都没有的时候，你就会信心十足的说，"嘿！我来试试吧。"

　　想象一下，我们就在你身旁，鼓励性地（绝不是暴力型的）推动你将你的房子装修得更上一层楼。你可能对我的话不屑一顾，因为你不相信有哪本书会对一个像你一样怕枪或害怕射钉枪的人有所帮助？听着，即使你对装修一窍不通，即使你有这样的劣迹：花了数年时间才定下来油漆刷什么颜色，或者一碰什么东西就会打碎它，你都不必紧张。实际上，我们当时和你一样，到现在才过了短短不到 6 年的时间。这些我们都记忆犹新。

　　那么如果你遇到困难、运气不佳、举棋不定或者有其他任何事让你驻足不前时，都不要忘了你必须从某个地方开始干起来。这只是美妙事情的开端，你和你的房子之间会有一场繁花盛开的爱的筵席。我们曾经也不懂得如何选择油漆颜色、如何挑选门窗漆、如何装载捻缝枪，或如何做其他很多有关房屋改造或装饰的决定，但幸亏我们用了老一套方法：先研究，再反复试验，然后带着热情从头开始（你知道，就是那种不解决问题誓不罢休的精神），最后我们终于成功了。我们没有经过任何正式的培训，也没有为了花哨的装修而无限量地支出。老兄，你看我们现在不是也在写这方面的书吗？谁能想到呀！我们经常开玩笑说，如果我们能做到，任何人都能做到，我们并不特殊。看到这句话，我们的妈妈现在可能要打电话来反驳了，但是她们必须那么说因为她们是我们的妈妈呀。关键是，即使你知道的莫过于我们刚开始翻修房子时知道的那么多（就像是整天无聊地闲坐着那样），你只需每次尝试一个想法，拿出一天时间或进行一个设计事项，你最终也会成功的。我们的家装指南中有很多都已标明了成本花费、工作内容和所需时间这些细节，这能帮助你挑选最实惠、最简便、最快捷的装修方法（如果你想轻松入门，你可以先尝试这些做法）。这些指南中至少有 75 条想法只用不到 25 美元的成本，有 60 条想法不到 1 小时就能实现。

怎样使用这本书

这本书里没有太多不该做的事，更像是在为你的大胆尝试唱颂歌。规则有限制性，我们发现要将房子装修成家的样子，就不应该有太多的规则，因为这确实是个人经验所得，对于冒险尝试的每个人，这都是一次不同的旅行，会产生不同的结果。遇到像挂窗帘或者给房间添加色彩这类工作，书中会提出大概 15 种方法。实际上，当你不再顾虑要让你的房子使每一个走进房门的人都满意，你会觉得轻松自在，我们觉得这是好事让你的房子只为你工作，使你眉开眼笑。家装并不是为了取悦大众，没必要小心翼翼；家装是要创造一所让你惊喜的、属于你自己的小小爱巢。简而言之，做你喜欢的事。每次抽一天时间。最重要的是，要开心。

在这本书中你会看到 243 条家装想法，其中一些观点大而概括，其余的小而具体。改造你的房子时肯定需要综合参考这两种观点。如果你和我们多少有点像，你的装修工作可能是零零星星、断断续续的。有时候你会感到精力充沛，你就想干些重大的工作，像粉刷橱柜或给梳妆台重新涂漆。而有时候你可能只想做 10 分钟的艺术设计来装饰一下洗手间（谁不喜欢美化过的洗手间呢）。

你可以根据自己的心情及你的时间和资金随意翻看这本书。书中所有条目都标上了序号，这样做只是为了记清所有事项的数目，你当然没必要按顺序阅读，我们确保书中的每一条建议都能独立存在，所以你简直可以带个眼罩找到某个条目，然后参考着行动起来。可别真的带个眼罩噢，那样就糟糕了。

书中的照片和图解明确地反映了我们的审美和思维风格，但是能让我们感到最高兴的是，你能做出适当改变来体现你的个人风格。书中的每一个想法都可以通过多种多样的风格和色彩体现并实施出来，所以，尽管按你自己的方式做就行了。

哦，对了，对于那些看过我们博客的读者（来，击个掌），我们预先说明一下，我们尽力保证书中所有想法都是新鲜的、不曾在博客上记载过的，实际上这一点对于像我们俩这样口无遮拦的人来说真的很难。书中的有些建议和指南也可能是我们在博客上已经提到过的（例如"油漆一件家具"或"重装一个床头架"），但是那些一般概念必须包括进来，所以我们尽量用不同的方法执行那些想法，同时附上照片和图解。例如，我们的博客上曾提到我们油漆的一条长凳，在书中我们不会附上相同的照片，你可能会看见一个用截然不同的方法粉刷出来的梳妆台，那是我们为这本书偷偷赶制出来的作品。那么，如果将这本书比喻成三明治的话，我们把 "鲜肉"装进了这块儿三明治里，然后就把那些有关 DIY 想法的新鲜照片和创意当作一点小小的调味品吧。

几个注意事项

1. **我们可能热情得有些烦人**。这一点毫无疑问。有时候我们甚至想自己扇自己几巴掌，因为在书中我们不停地唠叨"你能做到"这句话。如果你觉得吃不消，就以一个筋疲力尽的十几岁孩子的声音随意读读这本书。或者你可以在这本书和一些非常严肃而又不单调乏味的书之间交换阅读，像《战争与和平》或《愤怒的葡萄》之类的小说。不管怎样，可千万不要一边看迪士尼电影一边看这本书呀！

2. **有些你着手的设计方案可能无法达到预期效果**。见鬼，按照这样的方案装修出来的房子可能大家都觉得难看。但是不要因此而沮丧，有所得就会有所失。要想让你的房子成为你想要的样子，就必须用它进行反复的尝试（有时甚至会把它搞得一团糟，就像给它投了炸弹一样）。天知道我们也曾经屡创败绩，但是你要坚持下去，重新上马，就能再骑一天。即便是彻头彻尾一团糟也是学习的经历（弄明白你不喜欢什么和确定你喜欢什么一样有价值）。

3. **并非只有一个"正确的"装修方法**。听到你说这本书中我们对家装想法和设计方案的说明并不是唯一的选择，我们会觉得很欣慰、自在，我们希望如此。你可以自由地对色彩和材料做些调整，用你自己的鉴赏力装修出有你个人风格的房子，署上你的名字，而非"雪莉和约翰"。也许你喜欢黑色的门框而我们用了白色的，或者你喜欢书脊朝外摆放你的书，而我们有时却随意地将书摆放成相反的样子。也许你更喜欢较细的线条（或较粗的），也许你想把我们漆过的东西染上斑点，无论怎么样都可以。唯一真正的原则就是相信自己的直觉，如果你觉得好，你就有发言权。

4. **这些想法不是我们专有的**。就像一个厨师的食谱中可能会包括菲力牛排的烹饪方法（这是这道经过实践检验的精品菜经他烹调的版本），这本书中的很多想法已经存在了好几代，设计师和平民百姓都在对这些想法进行创新与革新。我们的初衷只是将各种各样的建议和想法糅杂在一起，同时附上一些信息、照片和图解，便于读者参考。知道吗，如果将你的家装工作比喻成没熟的馒头的话，我们希望给这些馒头下生一堆火。

5. **你的手可能会变脏**。同样，我们认为这是一个伟大的事情。没有什么能像这种很老式的、繁琐的体力劳动使你体内的血清素不断泵发出来。从砂纸打磨、上漆到用打钉枪打钉、用铁锤敲打，你会感到惊喜，觉得好有成就感，自己的角色好重要。注意：这很容易上瘾。

6. **动力是个有意思的东西**。有时你的效率很高，你会一边哼着小曲儿，一边（像脱离地狱的蝙蝠一样）在你的家装任务清单上飞快地核对已经完成的事项，而有时你会慢得像蜗牛。这再正常不过了，就是 DIY 的方式。这个过程看起来跌宕起伏，所以你要抱着这样的想法：谁知道我们会怎样达到目的，但总有一天我们会实现梦想的。要有信心，享受这个旅程，在途中试着找点乐趣。

7. **一个家居装饰的决策不足以拯救世界**。但反过来，它也不会导致世界末日。如果什么地方出错了，好比说你选择的油漆颜色不合适，或者换上新窗帘后又不喜欢了，这都没关系。这是令人欣慰的，因为人类的生存并不依赖于你从不犯装修方面的错误。这件事应该是有趣的，目的是创造一所让你微笑的房子。所以，如果你着手的那个方案（或者是这本该死的书）让你脾气暴躁，就放下书或者远离锤子、漆刷等东西，然后吃块儿点心，在视频网站上搜搜吉娃娃犬宝宝，这样做通常对你有用。

产品选择

你可能已经注意到，这本书在对一些家居装饰的建议和想法的描述中，有对特定产品的推荐和建议。在博客上，我们总喜欢提供一些有关我们受益过的产品的详情，在这本书中也不例外。因此，我们想说明的是这些提示并不是有酬的产品植入性广告；这些产品只是我们有幸用到的东西。你知道，我们过于热衷分享！

说说分享

写博客与写书的区别在于，我们没法奢侈到对于每条指南写上 10 段话或者对于每个设计方案分享 15 张照片（这正是我们想做的）。我们怎么解决这个问题呢？我们在博客上创建了一个登录页面，任何人如果还有其他问题或者想了解更多有趣的细节，都可以 7 天 24 小时访问页面获得免费的照片、视频和信息。你可以登录网址 younghouselove.com/book 看到这些。希望在那里见到你！

方案说明

由于这本书里有各种各样的家居装饰建议，其中有许多想法只是为了启发你的思维，让你行动起来，另外一些想法更加具体，甚至还会包括详细的逐步指导。对于这些更复杂的方案，我们已经在书中列出了一个信息纲要，你可以迅速地看到方案所需的成本、难度等级和完成所需的大致时间。

照片狂潮

经过了三个礼拜无法入眠却又充满奇趣的日子，我们在自己房子里为这本书拍摄了几百张照片（我们疯狂地赶着完成每张照片的风格设计，这样的话，摄影师基普就能迅速拍摄。我们甚至赶着在基普第二天回来之前，熬夜重新粉刷房间和屋顶）。所以，这并不是一本通过拍摄多个高端住宅而编成的家居用书，而用这种草根的方法说明我们想要涉及的一些观念无法在我们的房子里加以证明——比如一个关于楼梯的设计方案，因为我们住在一个只有一层楼的平房里。所以这本书中少量的房间照片（包括一些标志性的配饰和家具）是我们经过允许使用的别人的照片，这样有助于说明那些我们不想让其空下来没有照片的设计方案。这样做只是不想让你们绞尽脑汁地想弄明白这些照片究竟是在我们房子里的哪些地方拍摄的。

工作要点解析

成本	不到 25 美元
工作难度	费点力
耗时	一天

1. **"成本"**这一项代表产品的贵贱。当然，这取决于你在哪儿找到的材料（某些类型或牌子的织物、框架或家具比其它类型或牌子的更贵一些）、你手头有什么东西——所以我们只能提供一个大概的参考范围，这当然因人而异。

- **"免费"** 明显意味着是一项零成本的工作。
- **"$"** 意思是既简单又便宜（很可能不到 25 美元）。
- **"$$"** 意思是中等花费（可能在 25 美元到 100 美元之间）。
- **"$$$"** 意味着这可能需要你为之攒钱（通常都是超过 100 美元的大笔开支）。

2. **"工作难度"** 这一项代表在超级简单到有点复杂之间变化。"不费力"指的是非常简单；"费点力"意思是需要一点努力但是没有太大的挑战；"很费力"提示你可能需要较大的劳动强度。

3. **"耗时"** 一项大概描述了完成每项工作所需时间的长短。通常在"10 分钟内完成"到"一个周末干完"之间变化——甚至对于那些特别耗时的工作会提示你"一周完成"（比如油漆厨房里的橱柜）。我们一般只说明完成一个项目所需的"具体工作时间"，所以里面并不包括干燥时间、订购物品的时间和等待送货的时间。每个人的进行速度不同，而且在途中可能会遇到意料之外的困难或有幸得以休息，所以如果你的工作花了更长时间才完成也不要泄气（但如果你用更短的时间干完就尽情地跳舞庆功吧）。

身边必备的工具

仅用下列工具你就能着手进行书中几乎所有的设计方案。如果你已经有了这些工具，奖励你自己一颗金星纪念这一天。如果没有，这也并不意味着你要去扫荡五金店。每次只用买你当时需要的工具，边干边收集，时间长了，你就会有一套相当不错的工具收藏。

- 铁锤
- 平头螺丝刀
- 十字头螺丝刀
- 卷尺
- 码尺
- 水平仪
- 涂漆专用胶带
- 喷胶枪
- 打钉枪
- 漆刷
- 漆辊和托盘
- 棕榈砂光机和砂纸
- 电钻、驱动程序

如果你属于多多益善类型的人，那就向你推荐我们喜欢备在身边的一些额外工具：冲钉机、撬棍、夹钳、剃刀或美工刀、尖嘴钳、捻缝枪、油灰刀、锯子（各种类型）和扳手。

安全第一

虽然 DIY 工作很有意思，但也没必要冒险以牺牲重要的东西为代价，比如你的健康（或手指头），因此以下是一些确保安全、谨慎行事的小技巧：

- 当你还在犹豫的时候，请戴上防护眼镜，还可以考虑穿上闭趾鞋、长袖衬衫、长裤和工作手套，以保护自己。

- 只要可能的话，使用低挥发性或无挥发性的有机化合物产品。以免吸入化学性的烟气。

- 处理有臭味儿的或满是灰尘的东西时，要保持你的工作区域通风良好。戴上一个防尘口罩也有帮助。

- 喷漆也必须是用不含挥发性有机化合物的产品，要戴上面罩在室外使用，尽量等喷过油漆的物品完全干燥后再拿进室内。

- 不使用电动工具时一定要拔掉他们的插头。你肯定不想让你自己（或你的孩子或宠物）撞到没有关电源的锯子上吧。

- 当进行电气工作时，一定要确保电源是关闭的。为了保险起见，我们常关掉家里的主断路器。

- 在砂光之前要检测旧房子里和旧家具上的油漆中的铅含量。在家装商店你可以找到廉价的测试套件。

- 在钻研一个项目之前要经常参看所有产品、工具和材料上的使用指南和警示标签。

最后一件事

这仅是一个对于动力、期望和一些消极想法的小提示。在序言部分我们分享了几张关于我们第一所房屋的家居改造的照片，但有时候过去和现在的对比可能是可怕的。为什么呢？因为这些照片会让人觉得那些房间瞬间就组合到一起，房屋改造的速度相当快，这是因为你看到房间过去和现在的照片如此快速地串连在一起。但这是假的！是个弥天大谎。既然我们都想保持这个谎言的真实性，我们在这儿就要公布一则鼓舞人心的消息：我们的房间改造工作进展得并不快，一点也不快。

如果你的家居改造工程的进展没有你希望得那么快，你会感到十分沮丧，这一点我们很了解。初步改造后的房间看起来还是黑漆漆的、过时的样子，你会觉得这和之前的房子不是一样的吗？然后你就会产生一些消极的想法，"我肯定做不了这个"，"那个样子确实很漂亮，但我完全是望尘莫及呀"，或者你会想，"哦，太伤心了。我的

房子永远都成不了那个样子。"

但是这些想法也是错误的。你不用付出惨痛的代价，你的房子就会从最丑的毛虫蜕变成你见过的最美丽的蝴蝶。然而这并不是一夜之间就会发生的。

实际上我们认为眨眼间的大转变只会发生在电视行业中（他们在编辑时将长达好几个月的规划、劳动和混乱的局面删掉，只向人们展示最后漂亮的结果，因此看起来就好像这一切在插播 4 段广告的时间里就发生了）。我们第一所房子的改造工程并不是用了一天、一个月或者甚至是用一年的时间完成的，那个破旧的砖砌牧场从开始的样子到改造完毕花了我们四年半的时间。在此过程中，我们并非总是清楚该怎么做，也并不是没犯一点错误。哦，天哪，我们还没有跟你分享过我们的错误呢。

有了那种想法，我们就觉得在书中放一些我们在装修过程中有过失误的照片（见图引 -1），其中包括我们第一所房子的一些差强人意的照片，之前我们已经在那里住了整整 8 个月。注意：当时我们房屋的样子与书中标明"改造之后"的房屋照片还有很大的差距。没错，那时屋内的装修看起来很粗糙。

图引 -1　过程并不总是美好的

图引 -2 正如这张让人心酸的照片所示，我们的客厅当然不是一夜之间就装修好的

图引 -3 我们重新油漆了原来的橱柜，但是那过时了的蓝色柜台还保留了一段时间

明白我们的意思了吗？对于那些处于装修过程的房屋，其照片的美丽之处就在于：它们能时时提醒我们房屋的改造需要时间。而有时候它们看起来也是不错的，这就是为什么我们现在的房子里那些还未改造完毕的房间并没有让我们想大哭一场，就像我们刚搬进第一所房子时的感觉一样（当时我们原以为那些房间在搬进去的一周以后就应该装修好）。

现在我们懂得更多，不会再那样想了，也不会将那种不必要的或不切实际的压力强加在自己头上。如果房间很快就装修好了，我们现在反而会怀疑起来：它们是否真的经过周密计划，既实用、有趣，又是一个漂亮的、经过改进的、经久耐用的地方？

提出这个小小的苛评并不是为了打击你的信心，让你觉得："你现在说我的房子用 4 年时间都不会装修得多么完美，那我又何必自寻烦恼呢？"而是为了鼓励你，让你想到："我正一步一步地迈进我们理想的房屋，每完成一个项目就离梦想更进一步。"

这些事情都需要时间一步步进行。高水平的房间是经过一层又一层、一个项目又一个项目而组建起来的，这个过程中有错误也有小小的胜利，你会因为一些小障碍而放慢脚步，也会因为顺利完成而高兴得手舞足蹈。因此，在装修途中，给你自己一些时间去寻找合适的方案，允许自己出现错误好留给自己一些喘息的空间，允许自己放慢脚步储存力量，给你自己学习的机会。住在未装修好的房间里也没关系，这是为了寻找装修房间的合适方法，也许一段时间以后，你的房间就已经装修得出神入化。

从 2010 年年底我们就住在"新"房子里，到现在我们屋子里的一些房间已经发生了很大变化。

图引 -4　我们的客厅，过去和
现在的样子

图引 -5　我们的办公间，过去和现在的样子

图引 -6　我们的厨房，过去和现在的样子

图引 -7　我们的洗衣房，过去和现在的样子

与此同时，其他房间都还没有开始改造，在我们装修它们之前和之后的时间，这些房间基本上没有什么变化，如果将照片打印出来的话，只不过是将相同的照片打印了两次而已。但是我们觉得那没什么。当你一天只处理一个项目时，似乎就会是这样。所以，如果你的房子只是你梦想中的样子的雏形，你要感到高兴。那是需要几年时间的，至少对于我们是这样的。实现这个梦想的过程就和坐在已经装修完的房间里的装饰好的沙发上一样有意思。实际上一个房间是永远装修不完的。我敢打赌，你总是会看看房间里有没有什么需要调整。因此在装修的过程中一定要汲取所有好的东西（1 英尺 =0.3048 米）。

起居

关于客厅的装修想法

雪莉说

住在曼哈顿的时候我们才 20 岁，还在游手好闲地混日子，当时"客厅"对我们来说还是字面意义（"living room"居住的空间）。所有的生活事宜都在一个房间里进行，而且这个房间通常都不是很大。实际上，遇见约翰时，我是在家的"上班族"，住在一间大概 16 平米的工作室里；约翰和其他两个男孩在长岛市合租了一套只有一个卧室的公寓，他就睡在客厅里的沙发床上。他向我展示他是怎么样把他的整个衣柜放在床脚的一个滚动托架上的，他就是用这个方式向我求婚的。是的，女士们，他通过了。

约翰需要一个女人
在身边打理生活。
还需要一个房门。
确实需要

图1-1

我想知道这个厨
房能否让影星凡
娜·怀特为之动容

图1-2

　　几年之后，我们搬到了美国弗吉尼亚州的里士满，在那里买下了我们的第一所房子，我们当时觉得那 1300 平方英尺（约为 120 平方米）的面积相比之下就像座宫殿，这一点不足为奇。当时我们有种老虎吃天的感觉。但是因为客厅和卧室是我们平常主要生活的地方，我们自然就从这些地方开始打理。除了在小房子里放松看电视，大家都知道我们就在沙发上睡觉，在一个角落里的书桌上，在电脑上做些比较重要的工作。我们有时甚至在沙发椅上吃饭（先在腿上铺一块毯子，我们毕竟不是动物）。

　　那绝对不是一夜之间就完成的转变。但是客厅和卧室的

平缓演变，是我们住在那所房子的 4 年半时间里，所完成的最大的改造工程。那些逐渐的改变现在回忆起来是如此有意思，因为就是那些变化让我们明白自己喜欢什么（不喜欢什么），还教会我们一些重要的事，比如说，在有靠背椅上写博客比在无背的木凳上写要舒服得多（是的，我们确实得要学到那一课）。

　　那么，为你的居室能成为你出色的老师而拥抱他们吧。然后继续向前，偶尔享受一下在沙发上吃饭的滋味儿，就是别忘了铺块儿垫子接住那些淘气的肉丸子。

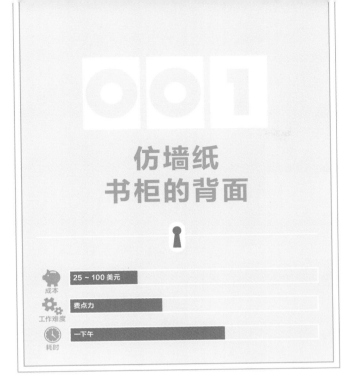

仿墙纸
书柜的背面

成本	25 ~ 100 美元
工作难度	费点力
耗时	一下午

你是不是**很害怕**,不敢给书柜的背面刷油漆或贴墙纸? 这儿有个不作长久使用的做法。用墙纸或布料覆盖在泡沫芯层或硬纸板的上面(将泡沫芯或硬纸板裁成书柜大小),做个临时的、不太牢靠的装饰。你甚至可以用包装纸改变一下,这样做的成本不到 10 美元。可以想象一个崭新的背景会带来多大的视觉冲击。

1. 测量书柜背面每层书架之间的尺寸。

2. 将泡沫芯或硬纸板裁成长方形,使其紧贴在每层书架靠墙的部分。

3. 用墙纸、布料或包装纸把这些长方形包起来,可以将墙纸、布料或包装纸牢牢粘在或钉在泡沫芯或硬纸板的背面,这样就从后面将其固定住了。你还可以使用喷胶将包装纸或墙纸固定在泡沫芯或硬纸板的背面。

我们用的这卷彩色的礼品包装纸只用了 6 美元

图 1-3

OUTLIERS MALCOLM GLADWELL

The Guinea Pig Diaries A. J. Jacobs

SLOW DEATH
BY RUBBER DUCK

Cabinet of
Natural
Curiosities

TASCHEN

THE LIGHT OF NEW YORK ASSOULINE

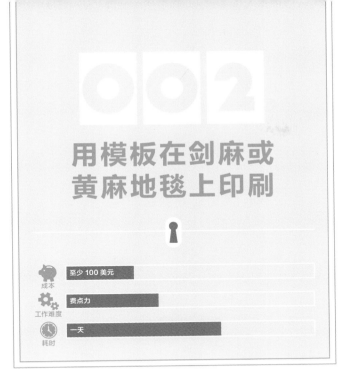

用模板在剑麻或黄麻地毯上印刷

成本：至少 100 美元

工作难度：费点力

耗时：一天

地毯可以装饰房间，给本来就富有质感的黄麻地毯上增加一些线条突显的图案可以为你的房间增加生气。

1. 找一块儿相对低绒的黄麻地毯（有结子花的就可以，但是表面特别突出的或非常蓬松的要比编织更紧密的东西更难模印）。我们在宜家家居商场找到了这块儿长条地毯。

2. 要挑选施釉的乳胶漆（我们用的是本杰明·摩尔的复古时尚型），还需要一个你喜欢的模板（图形规模比较大的看起来会特别引人注目）。

3. 将你的模板放在地毯上，如果你愿意可以居中放置，然后用一个如下图所示的海绵的或有泡沫的平头制版刷轻轻涂上油漆。

4. 按照这种方式在地毯慢慢移动，直到印出整个表面。或者只印出模板的边缘。

5. 印好的地毯要干燥一段时间（48 小时最好），然后就可以欣赏了！

注意：
涂上油漆的地方时间长了会变得有些磨损（就像油漆过的门垫一样），但是那种微妙的光泽看起来确实不可思议——就像一个历经年月的古董地毯。

好，现在我可以非常有型地爬出去了

003

盘点你房间里的纹理

如果房间里的一切感觉有些单调（要么都是光滑闪亮的，要么都是陈旧生锈的），就试着找到一个质地相对鲜明的物件来活跃气氛，给房间增加活力。如果你的房间总体上看起来缺少有纹理的物品，我们就来增加一些：比如，在椅子上加一张毛茸茸的人造羊皮，放一些粗糙的编织篮子来存储小物件，加一些天然竹百叶窗和通风窗帘，或光滑的不锈钢边几。

1. 活泼轻快的窗纱增加柔软的感觉。
2. 仿皮草枕头总是很有趣。
3. 一个编织篮子带来自然元素。
4. 陈旧的皮革给人温馨的感觉。
5. 线条简洁的灯饰时尚又现代。

将木质色调作为中性色。你可以将它们分层设计使其看起来是精心策划的，这样你的房间最终就不会显得千篇一律。除此之外，还可以考虑用些深色、浅色甚至是彩色的点缀。只要保证同一个空间里有两到三种这样的点缀，它们看上去就像是精心策划的，层次感比较强；而不是疯狂的宿舍式的房间（如果所有东西都是一个色调而又有个格格不入的人在那儿，或者如果你选择了 10 种不同的木质色调或鲜艳色调，而不是仅仅重复使用其中几种，就会出现这种情况）。使用配件可以进一步将各种事物紧密联系在一起，比如，在浅色的木桌上添加深色的木框架，或者在深色的餐具厨上添加一个浅色的木碗，这样就能使色调平衡起来。

004

避免搭配过度一致

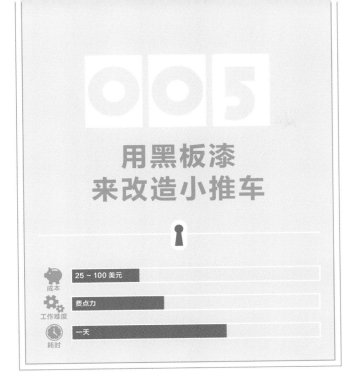

005

用黑板漆
来改造小推车

成本	25～100 美元
工作难度	要点力
耗时	一天

这辆廉价店里买的小推车只花了 10 美元，而我们用了一天时间给它化妆。

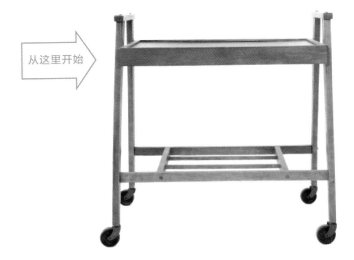

从这里开始 →

1. 用你已经有的桌子或小推车，或者去淘一个（逛逛旧货店或者像 Target 和 Home Depot 这样的地方）。

2. 按照第 257 页的指南给每处表面上涂漆（我们用的是本杰明·摩尔公司的蜻蜓牌油漆）。

3. 用黑板漆在手推车上部涂上薄薄的几层，要按漆罐上的说明使用。

4. 等油漆一干，可以在上面进行一些涂鸦。

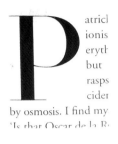

006

降低高高的天花板这样显得温馨（而且方便涂漆）

成本　25～100 美元

工作难度　费点力

耗时　一天

如果你有一个白色的大房间带着高高的天花板，粉刷墙壁时在墙上创建一个水平停止点，这样会给整个房间营造一种双色效应。保留墙面上部的白色（大概距顶端 18 英寸的高度），然后给这条"水平线"以下的区域漆上颜色，你将创建一个温馨的效果，因为水平边界以下的深颜色给人一种被包围的感觉。你不需要梯子或支架来油漆房间超高的天花板，而且这样做创建出一个漂亮的边界，富有艺术感，感觉更紧凑，不用再悬那么高。用涂漆、胶带标记这个水平边界，等你涂完最后一层漆皮就把胶带扯下来，这样做能使这条线格外干净（1 英寸 =2.54 厘米）。

007

随便给桌子穿件裙子

我们给白色的独腿桌子上搭了一个旧被套，这样可以添加色彩和图案（还可以创造一处不错的隐蔽储藏所）。任何闲置的织物都可以拿来用，比如床单、台布或大块儿的布头儿。

一分钟就完成

008

考虑加一把坐卧两用椅

找不到完美的沙发吗？试一试坐卧两用长椅。它不仅给你提供休闲、放松和看电视的空间，而且你也可以留宿一位过夜的客人，让他感到比沙发或充气床垫更舒适。

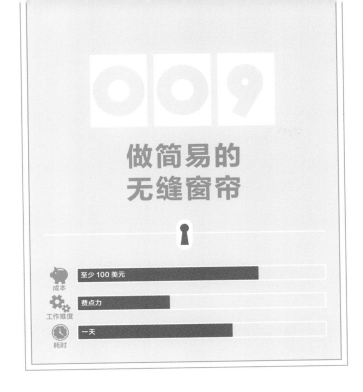

009

做简易的
无缝窗帘

成本 至少 100 美元

工作难度 费点力

耗时 一天

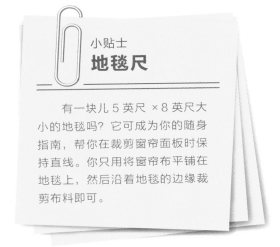

小贴士
地毯尺

有一块儿 5 英尺 ×8 英尺大小的地毯吗？它可成为你的随身指南，帮你在裁剪窗帘面板时保持直线。你只用将窗帘布平铺在地毯上，然后沿着地毯的边缘裁剪布料即可。

没有窗帘吗？没有缝纫机吗？没关系。你所需要的是一些可用熨烫法粘合的褶边胶带和以下这些简单的步骤，就可以很快将你喜欢的织物挂在窗户上了。

1. 确定窗帘面儿的高度和宽度，在此基础上给每一边添加 1 英寸，将你的窗帘面儿裁剪成以上大小。我们通常将其裁剪成 90 英寸长，而且我们发现帷帘的长度通常刚好是一个窗帘面儿的宽度，这样你就可以不用处理那两个边，节省了裁剪工作量。

2. 熨斗在加温时，拆开可熨烫粘合的褶边胶带（我们用的是耐用的 Heatnbond 牌，这个在大多数织物商店和工艺店都能买到）。

3. 将你剪裁好的窗帘布一端放在熨烫板上，在上面顺横铺开一截褶边胶带，要将褶边与织物的边缘对齐。按照可粘合褶边的使用指南确定先熨哪一边，什么时候揭开褶边的背面，以及什么时候要折叠你的窗帘布。

4. 然后再用一段褶边胶带把褶边再包摺一遍，熨烫一下就完成了一个窗帘褶边的制作。

5. 将窗帘布的其他三个边也如法炮制。

6. 祝贺你。这样你就做好了窗帘面儿。现在只需挂上挂杆儿，再用从 Target 或者 Home Depot 这些地方买来的夹式窗帘环将窗帘面儿夹好。这种窗帘环不仅时髦，而且有了它们你就不用再担心窗帘杆套了。太好了！

注意：
要了解更详细的步骤和照片，请登录：younghouselove.com/book.

有关窗帘的基础知识

有关窗帘的事宜很复杂，确实有很多种方法来处理它。以下是我们最喜欢的一些建议。

■ 将窗帘棒挂得特别高特别宽，可以使你的窗户看起来大一倍（通常挂在天花板以下 4 英寸的高度，两边都比窗框宽 18 英寸）。然后加上活泼的落地窗帘。这样做可以使房间感觉更高更柔和，再者，窗帘布也不会像将它们按窗户大小挂着时那么挡光（相反，它主要是倚着前面的墙壁）。

■ 如果你房子里的两扇门互相正对着，你可能想让这两个房间里窗帘保持一致，这样毫不费力就能使这两个房间的格调协调流畅。这也不是一成不变的规则，但是如果你还持观望态度，你也当然可以用相同的窗帘，然后靠其他物品（如家具、地毯，或其他配件和艺术品）来增加房间的多样性，区分不同的房间。

■ 如果你的一个房间里的窗户不一样高，何不考虑用"窗帘杆障眼法"，将这些窗户上的窗帘杆还是挂在同一高度上。这样做能弥补房间本来缺少的平衡感，很少有人能注意到窗户本身的些微差别。

■ 如果你的房间里有一整排窗户，每个窗户之间有一片墙（距离可能不到 20 英寸），你可能就想在这排窗户整体上方挂一个长杆，再在长杆两头和窗户之间添加窗帘布。这样做会给人一种错觉，以为这是一整面墙的窗玻璃，显得比较开放。像 JC Penney 这种商店会卖加长挂杆或挂杆延长器，或者你也可以买两个窗帘杆对接到一起（不用杆头）感觉像是一个长杆。

■ 一般情况下，我们并不是用窗帘保护隐私；我们只是喜欢窗帘能让人觉得房间更高更柔和。如果真为了遮光或保护隐私，我们喜欢用窗框内放内衬的人造木百叶窗（这种百叶窗安上窗帘很漂亮，而且你不用花多少钱就能在大型商店买到——在那儿会为顾客免费裁剪大小）。

■ 除了窗帘，我们还喜欢用其他几种窗户处理方法：磨砂膜（它不仅能保护隐私还不会挡太多光线）、竹帘（一个增加品质的好方法）和罗马帘（用白色的或者一块儿你喜欢的花布）。

我偏爱下面有面包屑的窗帘

将窗帘挂得又高又宽能让窗户看起来是原来的两倍大

图 1-4

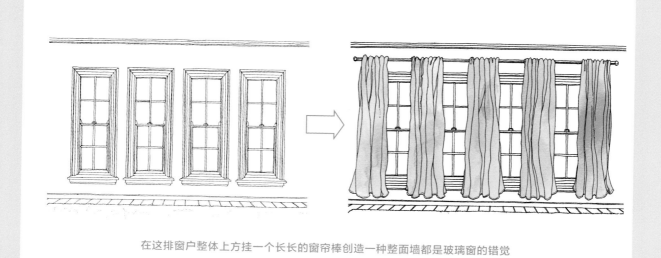

在这排窗户整体上方挂一个长长的窗帘棒创造一种整面墙都是玻璃窗的错觉

图 1-5

从这里开始

010
一张宜家桌子，三种改造方法

这种传统的、价格实惠的桌子改造起来很有趣，特别是因为它有很多颜色。有三种方法将一张（或几张）从宜家买来的便宜桌子改造成另外一种样子。

用一张桌子做置物架

用桌面做背景，用桌腿做成一系列浅层的浮架（我们用的是一张桌子，把它漆成了黑棕色）。我们把每条桌腿放在合适的位置，然后从桌面的背部将桌腿用螺丝固定在桌面上。试着钻出几个导向孔使这个过程更简单，同时要确保每一层都是水平的。利用桌面背后已经钻好的孔，将做好的新架子挂在墙上几个已经钻入双头螺栓或重型铆钉的螺钉上。

总花费：不到 10 美元！

两张桌子做床头板

　　准备两个桌面和四条桌腿，将它们并排、上下交错放好，就能为一张全尺寸的床创建一个床头板（我们用了两张高光的红色桌子）。我们将放好的桌子零件翻过来，将三条 1 英寸 ×3 英寸的木板横放在上面——一条放在最顶上，一条放中间，另一条方最下面。接着我们用螺丝钉将这些木板固定在这些桌子零件上把它们组合在一起（用我们事先钻好的导向孔），这样不仅将床头板固定好了，还通过三条木板创造了一个小壁架将床头板挂在上面。你可以用三张缺腿桌创造一个大号的床头板（加上 2~4 条桌腿增加稳定性）。**总花费：不到 30 美元！**

三张桌子做成立体书柜

　　将两张桌子组装在一起，取第三张桌面放在身边做基础（我们用了三张高光的白色桌子）。用电钻（试试 1/4 英寸的钻头）在前两张桌子的 8 条腿底部各钻一个中心孔，然后将在每个中心孔中插入一个 2 英寸的木销子（你可以在宜家家具店的备件区或工艺品店得到 8 个额外的木销子）。用同样的钻头在余下来的那个桌面上、还有用来搭建的那两张桌子中的任何一张的表面钻出与前面相配的孔（我们的技巧是钻通宜家店为了安装桌腿而已经钻好的孔，这样就能保证桌腿放对位置）。最后将桌子叠放在一起，利用钻好的孔将木销子排列起来确保安全合适。**总花费：不到 45 美元！**

简单的木销子就把它固定了

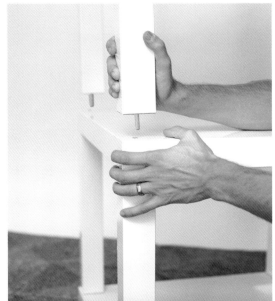

011

用一个旧门做桌子、床头板或屏风

如果你去掉了一面室内门（比如，由于阻碍了厨房和餐厅的通畅而随意将其中的一个门去掉了），或者你在二手货拍卖会或废旧物品回收站得到了一个门，何不对它做一些有意义的事呢？

1. 它可以成为一个**桌面**。只需添加从店里买的桌腿（家装商店有卖的），用门把手留下来的那个洞来管束电脑连线。

2. 它可以成为挂在墙上的**床头板**（用螺丝钉穿过它钉入墙上的螺栓中，将其固定在墙上）。

3. 装有百叶窗板的门甚至可以铰接在一起，漆上亮色，创造一个很酷的**能够随便移动的屏风**，用来遮挡杂乱物品或分隔一个房间。我们给自己 DIY 的双褶屏风刷上一些翠绿色油漆，用它来把热水器藏在我们的第一个房子的地下室里。

提示：
登录 younghouselove.com/book 获取更多关于这些工作的详细信息。

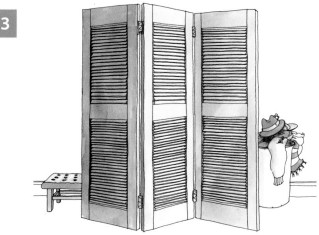

012

重新布置你的客厅

没有什么能像重新摆放一些家具那样无需花钱就能使房间焕然一新。

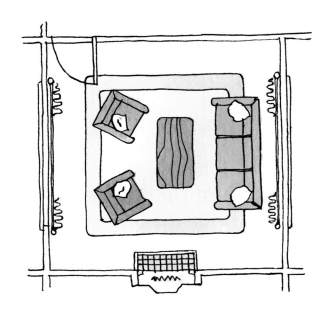

这是一些正方形房间布置的想法

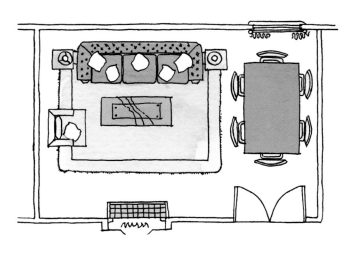

还有一些长方形房间布置的想法

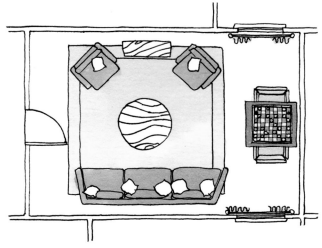

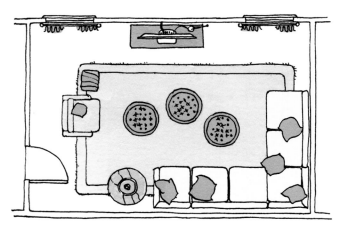

小贴士

从你的左邻右舍
搜寻灵感

　　留心与你有相似的房屋、房间大小或地板设计的邻居或朋友，从他们那儿寻找一些装修想法。如果你对他们最近刚改造完毕的厨房或新挂上的窗帘感兴趣，他们通常会受宠若惊，而且它可能会无形中给你一些启发。所以去吧，趁着向你的邻居借糖的机会到处看看。或者给他们送去一个馅饼，因为人人都喜欢馅饼。

给窗帘染色

成本 不到 25 美元

工作难度 费点力

耗时 一下午

如果你已经有窗帘，但又不喜欢它们，在放弃希望之前你可以努力改进它们。白色窗帘也许美极了，但如果他们对于你的房间来说太严肃了（或者旧得发黄了），为什么不将他们染成温暖的奶油色、沙色或者蜂蜜色呢？或者如果你正在寻找更丰富、更深沉的色调，就把它们染成海军蓝、梅红色、灰色或者棕色。当然，日光黄、蓝绿色、橙色或翡翠绿也是不错的选择。如今能买到的染料多种多样，几乎没有什么限制（我们喜欢用 Jo-Ann Fabric 里买到的 iDye 牌染料，这种染料可以直接扔进前开口式或顶开口式洗衣机中洗涤）。你甚至可以浸染窗帘，这样能在窗帘底部形成带状效果（仅将窗帘的底部而不是整个窗帘浸入染缸或染桶或染盆里）。最糟糕的会是什么情况呢？如果你讨厌它们，你可以将你不喜欢的窗帘剪成碎片当抹布用。完全值得一试。

小贴士
与家具供应商和承包商谈判

无论是逛家具展厅还是从承包商那儿获取房价的估算，我们最喜欢问的问题是，"那是最低价格吗？"用一个不难记住的、可能显得无礼的简单问题帮你减掉 10%~15% 的价钱，这是一个极好的办法。谈判的最好形式是简短而亲切。

纹理丰富的竹帘百叶窗

一张帕森斯书桌

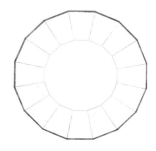

一面圆形镜子

014

添加一个（或所有7个）这样的经典物品

这些物品几乎适合每一个房间和每一种风格——时间证明，你为它们投资没错的。

一把线条简洁的中性色矮脚软垫椅

一张深色的木质台桌

一个皮质的蒲团或搁脚凳

一张中性色调的黄麻或羊毛地毯

三个彩色的枕头
+
一条沙发罩
=
迷人的混搭式样

015

一个沙发，
三种方法

同一个沙发搭配不同的装备看起来是多么不一样呀！

五个亮色枕头 + 一条质感沙发罩 = 一种愉快休闲的效果

人靠衣服陪衬，沙发靠枕头点缀

两个精心制作的枕头
+
一个长枕
=
一种对称鲜明的氛围

016
不要忽略门厅

你可以给门厅漆上颜色或者两边挂上画框。如果你手头有的话，你甚至可以添加或换掉大厅灯。或者，你也可以在这里介绍一下建筑细节，比如铺设天花线、装踢脚板、给墙壁刮腻子、装护墙板等。因为门厅是一个过渡空间，你可能不想将它漆成与其他和它相连的房间不匹配的颜色，那就拿来色板，举起它们对比看看哪些色调与相邻的房间色调相配，同时又能给你那无聊过时的门厅增加一点情趣。

晚上**在你的房子里转转**，如果你看到一个角落或桌子需要更多的光照，添加一个台灯或落地灯营造温暖、更加和谐的氛围（这样就没有暗角了）。如果空间无法容纳台灯或落地灯，可以挂一个带插头的壁灯，从天花板上垂下一个带插头的顶灯，甚至请电工为你接线装一个吊顶灯（可能 80~100 美元）。

017
注意黑暗的地方

利用壁龛

我们首先得承认这一点：壁龛对装修者是个挑战。但也可以很好地利用他们来创建一个可爱的小角落，既实用又吸引人。那么就去让你的壁龛看看谁是老大！

1. 在里面放一个长椅，上面挂一件艺术品。

2. 添加一个舒适的椅子和一盏灯做阅读角。

3. 挂一个拉杆，将一个织物或床单或浴帘搭在上面，在孩子的房间创建一个木偶表演或舞台表演角落。

4. 在里面藏一个大衣橱。

5. 悬挂上水平架子，创造一个内置书柜。

019

给楼梯增加趣味

你可以做**许多事情**来给楼梯添加趣味。

- 将梯级竖板刷成反差较大的颜色。

- 在梯级竖板上模印一些数字或有意义的名言。

- 在梯级竖板上贴上有图案的墙纸（添加透明的水性聚氨酯能让墙纸保持更长久）。

- 在每一级梯级竖板上模印一些图案。

- 将扶手栏杆漆成白色，再把垂直栏杆漆成深棕色或黑色形成对比。

- 铺上有趣的长条地毯提高品质，也能保证儿童的安全。

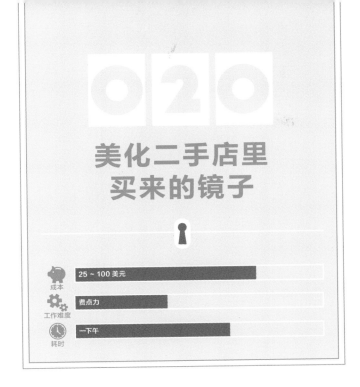

美化二手店里买来的镜子

成本 25 ～ 100 美元

工作难度 费点力

耗时 一下午

这是我们在一个旧货店里用 8 美元买到这家伙的镜子

买下你能找到的最丑陋、最土气的二手镜子，带海绵边框的更好。想想那个可怕的样子之后会有什么改变，请记住镜子是最容易改造的（只需找到一个镜子具有你喜欢的大小和形状，不管是什么颜色）。把它带回家，按照下面的方法装扮它。

1. 将镜子用胶带封起来只暴露镜框部分。你可以用纸板、塑料袋或涂漆并用胶带防止油漆染到镜面上。

2. 用喷漆给镜框喷上几层薄薄的、平展的漆衣，可以选择有趣的颜色，比如绿黄色或茄紫色。建议：先使用喷底漆可以保持漆面持久耐用。请参照第 66 页的喷漆要领。

瞧！现在看起来就不那么悲惨了。如果你对使用鲜亮饱和的颜色有点提心吊胆，你可以随时选择光滑的白色、巧克力色、海军蓝、浅灰色、深灰色或黑色。这些颜色是如此经典，它们是经过实践检验的。

小贴士
考虑一会儿

记得要把镜子放在能映出一些积极的东西的地方，比如窗户或者一件漂亮的艺术品（而不是一个巨大的、笨重的电视屏幕或一个丑陋的通风孔）。

修光木质家具

成本	不到 25 美元
工作难度	很费力
耗时	一个周末

从这里开始 ➡

这个摩洛哥式桌子是我们花了 10 美元从二手店买到的

这是比较耗时的工程之一，但是却值得你花点心思。一旦你掌握了修光的艺术，你就什么都可以改造（我们曾见过有人修光华丽的东西——比如钢琴）。

1. 将你的家具搬到一个可能有些乱的地方（车库、车道或房间里已经清理出来的、盖着罩单的一边），用一块儿湿布擦掉家具上的污垢、油脂或蜘蛛网——尤其是你从旧货店淘回来的家具更需如此。你还可以用消光剂把它弄干净。

2. 刚开始用粗砂纸（较粗糙的那种，比如 80 目的砂纸）将家具整体通过棕榈砂光机粗磨一遍，砂光的方向要顺着木头的纹理。手边再准备一块儿砂纸，遇到角落和缝隙可以用手进去打磨。这样可去除家具原来的表面涂饰和污迹。目的是让光滑的家具更接近原木形式（尽管不用让它成为 100% 的原木，但要将它粗磨到新的着色剂能渗透为止即可）。然后我们要用细砂纸（比如 200 目砂纸）将它再次磨光。

3. 再损失一块儿湿抹布将粗磨后的家具再擦一遍，去除上面剩余的砂尘。然后一旦你确定家具晾干了，就用漆在表面刷上一层薄薄的、均匀的着色剂。

4. 染完色后让它晾着。晾的时间取决于你想要漆上的颜色有多深。参考你的着色剂包装上的使用指南（生产商不同就会有变化）。如果你不太确定要等多久才能达到你想要的效果，就把染上色的家具拿到不显眼的地方测试一下。

5. 等待结束后，如果你认为已经让颜色充分渗透了，就用干净的抹布（旧 T 恤最好）擦掉所有多余的染色剂。试着顺长并平滑地适当按压着擦。你肯定不想让多余的着色剂堆在你的家具上面，所以没有渗透进去的要全部擦掉。

6. 如果最后染上的颜色没你想要的那么深，就再重复以上操作（着色、等待最后擦掉多余的）直到你满意为止。

2

3

5

7. 如果你用的着色剂不带内置的聚氨酯密封胶，就需要用单独的密封机为你的家具封几层蜡。我们用的是从 Safecoat 买的叫作 Acrylacq 或 Minwax Water-Based Polycrylic Protective Finish 的低挥发性密封胶，这种产品可以保护涂层的光泽，不会发黄。对于着色，你肯定想用小漆刷薄薄地、均匀地刷上几层，我们建议两层到三层。一定要让每个涂层干燥之后再开始刷下一层，这样就不会总是黏乎乎的。

小贴士

胶合板可以吗

这个方法同样适用于胶合板——但切勿打磨太深，否则就会有凹痕或裂口（你肯定不想错过这个办法吧）！

022

给室内门着色
或上漆

成本	25 ~ 100 美元
工作难度	费点力
耗时	一天

饱经风霜的灰色、浓厚的海军蓝、深沉的炭黑色、柔软的白金色、浅咖啡色、深巧克力色——有许多种经典的或中性颜色供你选择，让你的房子立即上档次。至于怎么样给房门着色或上漆，实际上我们更新了门上的合页，因此你也不必为了取得好效果将它们除掉。

1. 如果操作时你的手不稳，或者你没有经验使得合页不会让油漆或着色剂粘住，就用涂漆并用胶带将合页包封起来。

2. 去掉门上的把手和其他使房门不会悬吊起来的器件，这样就不会给你制造障碍。

3. 如果你要给门染色，使用粗砂纸（比如 80 目的砂纸）将门上原来的密封胶全部打磨掉，这样染色剂就能均匀地渗透进去，从而完成得天衣"无缝"。再用细砂纸（比如 200 目的砂纸）将他们磨光。然后按照着色剂使用指南操作即可（我们喜欢用 Minwax Deep Walnut 的深咖啡色）。

4. 如果你要给房门上漆，先用液体消光剂将门擦干净，然后上底漆，你可以使用一个小泡沫辊和一把 2 英寸长的斜角刷（用来对付缝隙），用时可以选用高质量低挥发性的底漆来防止渗色，并能增加耐用性（我们喜欢 Zinsser Smart 牌底漆）。等底漆晾干后，按照使用说明薄薄地、均匀地涂上两到三层半光漆（还是用小泡沫辊和 2 英寸的斜角刷）。

5. 等一切晾干之后重新安上门把手和你刚才去掉的器件。祝贺你——绝路逢生了！

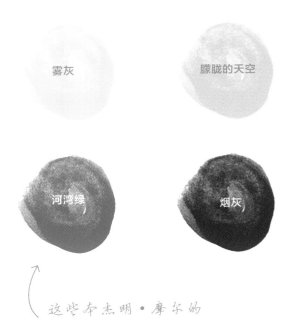

雾灰

朦胧的天空

河湾绿

烟灰

这些本杰明·摩尔的
产品总是很管用

添加一些大胆的几何图形、快活的心形图案，或者一些波洛克式的泼溅线条会很有意思，使你原有的白色灯笼看起来不再那么平淡无奇。我们用水鸭色的油漆在这个从 World Market 花 5 美元买来的灯笼上制造出柔和的、螺旋围绕的美术线条。

注意事项：如果热量从灯罩顶部或底部泄漏出来，纸质灯笼不会有着火的危险。另外，灯泡周围要有充足的空间（也就是说灯泡不能离纸太近）。用 CFL 和 LED 灯泡是个好主意，因为他们比白炽灯泡释放的热量要少得多。

023

给一个便宜的
纸灯笼漆色

制作简单而且便宜，便宜，很便宜

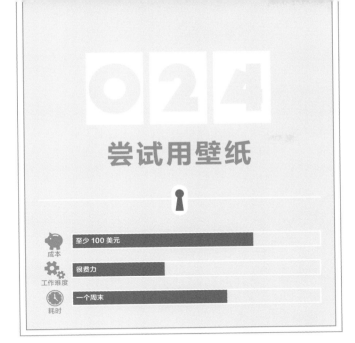

024

尝试用壁纸

成本	至少 100 美元	
工作难度	很费力	
耗时	一个周末	

很多人认为壁纸已经过时了，但是我们并不是指那种边缘有小鸡或葡萄图案的壁纸——如今有很多种又炫又酷的壁纸！使用壁纸是个很妙的方法，能给衣柜、入口通道或焦墙增添趣味。像 diynetwork.com 和 youtube.com 等网站有很好的教程来指导你使用壁纸。因此，克服你自己对壁纸的偏见吧！

我"叔叔"是一个书挡

O25
混用金属饰品

摆脱那种要特别匹配地使用金属配件的想法。我们这里用一个银灯、托盘和椅子上的钉头细饰将油面青铜镜、同样质地的小猪工艺品和纸镇分层隔开放置。只要每一种金属不止一次的出现,整体看起来就显得有层次感,是经过精心设计的,而不会显得不匹配

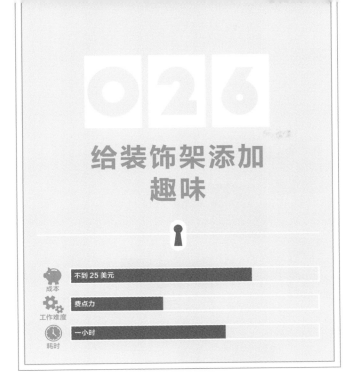

026

给装饰架添加趣味

成本	不到 25 美元
工作难度	费点力
耗时	一小时

当然，架子上没有累赘的装饰是极好的，但有时一个小小的东西就能让你欣喜。

1. 寻找一些有个性的丝带、织物、装饰纸或者甚至是拉拉球边饰。

2. 将边饰沿着悬浮墙架或带有支架的强架前缘展开（在丝带、织物、装饰纸或拉拉球的后面涂上热熔胶或工艺胶将其固定）。

3. 你可以直接在墙上的架子上操作，或者如果你现将架子拿下来放在地上再操作，效果会更好（这样的话即使干了修剪的外边也不会对抗重力而翘起来）。

4. 如果你做不到，就尽量将修剪的外边拉到架子后沿的后面，这样看起来就没有瑕疵了（当你将架子重新放回墙上，端口就被隐藏起来了）。

在你用来装饰房子的东西背后有一个故事**总是更好的**。留下那些感觉很特殊或有情感价值的东西。即使是那些在克雷格网站上找到的具有个性的东西、或世代相传的很庄重的东西都可以用来装饰房间。因此我们的主要目的是对只充当占位符的东西说，"不"。你明明可以再等一等，省点钱，买一个你真正喜欢的灯，为什么要买那个你觉得很无聊的灯呢？临时的东西只会阻碍你接近你真正想要的东西——所以如果你找不到或者买不起那个一直想要的东西，抵制冲动的即时满足也是值得的。

027

不要将空间塞得严严实实，只添加有意义的东西

028
用拼贴画装饰你的墙壁

使用**可去除的海报腻子**将一大套明信片或照片安放在墙上。你可以将它们随意拼贴，也可以用同样的模式使他们均匀分散在墙壁上

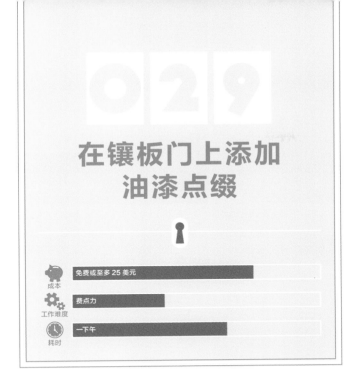

在镶板门上添加油漆点缀

成本	免费或至多 25 美元	
工作难度	费点力	
耗时	一下午	

我们用本杰明·摩尔的"月光色"和"轮廓色"美化我们的卧室门

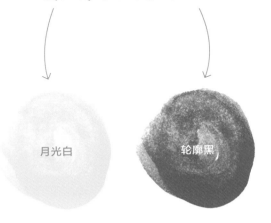

月光白　　轮廓黑

只给板门上的内凹处上漆可以突出板门的整个架构。如果不违背你的配色方案，可以在白色门上试试浅灰色的色调，或者用深巧克力色或石蓝色取得更大的反差效果。你甚至可以再用一种颜色来增加额外的维度，就像我们这样。用不到 10 美元的试罐漆就能完成这项工作。如果你的手不稳，就将不相干的地方用胶带封好。

小贴士

没有镶板门怎么办

用涂漆和胶带可以创造人工面板，再给它们上漆可以给平白单调的空心门添加趣味和立体感。

让架子成为亮点

用一支普通的旧三福记号笔给架子的上面添加图案。这种笔有金属色调，还几乎拥有彩虹的每一种颜色。以下是一些图形设计：

- 鱼骨或扇贝
- 不规则的细条纹（我们用涂漆和胶带将条纹隔开）
- 圆点花纹（可以用从办公用品店买来的点贴画代替记号笔）
- 绿叶或树枝
- 泪滴
- 折线或 V 形图案
- 平面钻石或六边形组成的蜂窝状图案
- 树木繁多的人造森林图案

031 添加一件出乎意料的东西

你家里的每一个房间都需要有一件出乎意料的东西。 这样完全可以使你那平淡无奇的房间变得富有生趣。因此，如果你喜欢乡间茅舍的感觉，就添加一个现代的东西，比如一个时髦的灯饰。如果你的房间里都是些小巧的、中性色的织物，就加一个有着大胆图案的枕头。如果你喜欢植绒的、剪裁讲究的东西，就加一个粗横棱纹的织物。如果房间里所有的家具摆设都很高，就将画框放低 6 英寸。不要让你的空间感觉起来太公式化，这是用东西装饰房间的关键。再说，偏离你自己的规范有时很有趣。

032 做一个即成窗帘

窗户是不是光秃秃的呢？ 赶紧找来一个窗帘挂杆和一些夹式窗帘环，用这些窗帘环随便将什么东西夹在挂杆上。不需要杆套之类的东西！试试以下的物件：

- 床单、羽绒被

- 桌布

- 从家具店买来的粗糙罩单

- 织品浴帘

- 老式挂毯（看起来有些俗气）

- 织物的零布头儿 [你可以用无缝褶边胶带给它们镶边（见第 13 页内容）也可以保持它们原有的样子营造一种轻松休闲的氛围]。

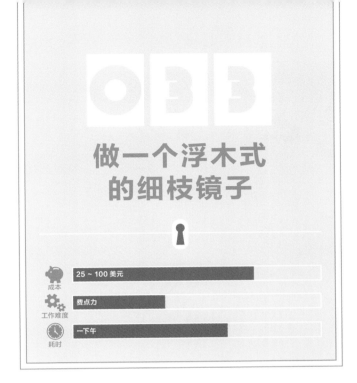

OBB

做一个浮木式
的细枝镜子

成本	25 ~ 100 美元
工作难度	费点力
耗时	一下午

用一面嫩枝做成的树枝镜子将大自然带回室内，这样可以为房间增加品质和一些野性的魅力。在你的院子里扫寻小木棍儿是一个很棒的办法来给乏味的镜子增添趣味。或者你可以去二手店买一个便宜镜子就能很快完成工作。

1. 找一面有宽宽的扁平式边框的镜子。

2. 用完全干燥的建筑胶粘剂将大小相似的细枝固定在镜框上。

3. 可选：将细枝漆成浅灰色，能收到一种海滨一样的浮木式效果（如果这在你的计划之内，就像我们在下面的照片里那样，在将细枝粘在镜框上之前把镜面用胶带封起来）。

从这里开始

034

贴上有品质的墙纸取得锡制天花板的效果

成本 至少 100 美元

工作难度 很费力

耗时 一天或一个周末

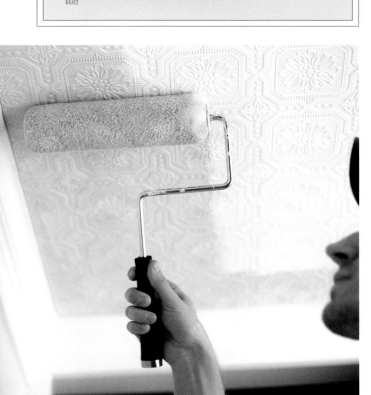

你可以在当地的家装中心或网上**找到品质壁纸**。跟真正的锡比起来它的价格要实惠很多。优点：壁纸更轻，也更易悬挂（只用遵循壁纸卷上的或者你买到的粘合剂上的使用指南即可，因为使用方法会发生变化）。壁纸一挂上，就可以将它漆成任何颜色如果你想在这华丽精细的锡天花板上来一段令人信服的即兴表演的话。

别急着交易

在为某件东西付款之前，我们在心里总是会算笔账。

- 我有优惠券吗？或者我能在网上找一个或打印一个吗？

- 这家店有没有我手上的同类店的优惠券呢？

- 这家店信价比高吗？

- 如果我在网上买，是否能找到一个优惠券的代码呢？

- 像 eBates 这样的东西，我可以通过现金返还程序吗？

- 我可以用信用卡积分购买东西吗？

- 用我的商店信用卡可以获取折扣吗（一些店像 Target 每购买一次会给您 5% 折扣）？

- 如果我不喜欢买到的东西，供货商是否提供免费退货（或者我可以将商品退还给当地的供货商，免运费吗）？

035

在花园中心
买东西

应该放在室外的家具和配件可以给房间增加品质和真实性。我们在餐厅里有一只巨大的混凝土灵缇犬好多年了，我们喜欢他给房间增添的那种蛮横的工业化氛围。所以，下一次当你去花园中心时，四处看看。任何东西，从一个混凝土的生灵到一张户外的小桌子或椅子都可以带回来。它的绝妙之处就是能将一个普通房间变得特别令人难忘。

当然，这个花盆可以放在外面，但我们喜欢将它放在室内，装一些节日礼物包装纸

请参看第1页我们是如何使用这种因泰的包装纸的

一个油光青铜或光滑的银色吊灯能使你的餐厅华丽无比

一个通风玻璃吊坠不会使视线模糊（挂在水槽上方，后面有个窗户，非常棒）

一个带有雕刻图案的、有意思的甚至有点疯狂的灯具可以给客厅或卧室增加趣味

036

换掉平庸的灯具

如果房间里的灯具没有给你带来任何好处，试试这里面的某一种。

一个巨大的鼓型吊坠挂在工作台或桌子上方大约 32 英寸的地方，可以营造一种干净的、传统与现代相融合的样子

一个中等大小的鼓型吊坠挂在卧室、门厅或卫生间里，与天花板齐平或几乎齐平，显得非常不错

O37

杰西卡的织物门

客座博主的家装想法

博主：
杰西卡·琼斯
博客：
橙色怎么样（ W W W.HOWABOUTORANGE.
BLOGSPOT.COM ）
地址：
美国伊利诺伊州的埃文斯顿
最喜欢的颜色组合：
橙色 + 灰色
最喜欢的样式：
大的、反差明显的、大胆的、整齐的东西
最喜欢的房间装饰方法：
非常酷的艺术印刷品和海报

我们公寓普通的前门无趣极了，因此一天下午丈夫和我用织物给它贴上了壁纸，使它有了生动的活力。

物料：

■ 织物

■ 水

■ 玉米淀粉

■ 大漆刷（如果你要制作一面较大的墙可以用漆辊）

■ 剪刀

■ 一把工艺刀（如果你和我们一样遇到障碍）

1. 选择一件织物。我选择了一块儿宜家的棉制印花布。用床单其实效果也很好。如果要选择亮色织物，首先在洗衣机里将它洗一下是个好主意，这样可以确保织物在被糨糊浸湿时染料不会渗到墙上或门上；可以先在一小块儿测试区域试试。

2. 混合你的糨糊。我的糨糊配方是 1/4 杯的玉米淀粉加上足够的水将其溶解。在炉子上的平底锅里将 2¼杯的水烧开，然后将玉米淀粉混合物慢慢倒进锅里煮开至变稠，其间要不停搅拌。理想的稠度要与十分粘稠的卤汁差不多。

3. 测量。等糨糊在冷却的时候，测量门的尺寸，然后将织物修剪成门的大小。将它撕开效果很好，因为大多数织物都可以沿着它的纹理撕开。

4. 使用糨糊和织物。将糨糊刷在整个门上，然后开始将织物从上到下贴在门上，其间要不停地调整还要用手指将褶皱抹平。在干燥的或难处理的地方，我们会涂上较多的糨糊。

5. 沿障碍物裁剪。用剪刀在门锁和门把手的地方将织物很快地剪出几道裂缝，这样就可以将织物安贴在上面。

6. **修剪多余的织物，粘好边缘处。**将门的其他地方弄平整之后，再回来用工艺刀小心地修剪门配件周围多余的织物，如果有必要就再刷些糨糊。除了能将织物粘牢，糨糊还可以保护门上原来的末端不会磨损，因此在门的 4 个边缘加一些糨糊作为额外增补。

7. **其他的就简单了。**当织物干了以后，它应该非常的平滑，糨糊是看不见的。如果后来你决定除掉这个设计，就将织物扯下来，要保持门完好无损。

我们喜欢这个门的样子，而且它也很有用，我们家的这个角落共有 4 个门，要离开的客人有时搞不清楚他们是从哪个门进来的，现在我们就指导他们从这个"小村庄"出去。

饮食

关于厨房与餐厅的设计理念

约翰说

那是在 2007 年我们刚刚结婚，我们住进第一个房子有一年的时间，由于要翻修厨房，我们开了博客。实际上那是我的主意。起初，雪莉觉得写博客听起来有些奇怪、无聊，也浪费时间，然而完全出乎意料的是她不久就爱上了这个事情，几年之后写博客就成了她的全职工作，随后我也加入其中。

我觉得写博客是一个很好的方法，让我们的家人和朋友能随时知道我们家厨房的最新变化，而不用不停地发送令人生厌的邮件将厨房的照片硬塞给大家。我们只用通过博客分享一次我们的 URL，大家就能随时点击访问了解我们正在干什么。我们的朋友和家人会定期访问博客给我们鼓劲儿（是他们在一直鼓舞着我们的士气），不久之后一些陌生人也开始点击访问我们的博客，这挺有趣，但同时也觉得奇怪，让人有畏惧之心。不过一切就这样开始了！

回想 2007 年我们对第一个厨房的大改造，经历了 113 天没有厨房的日子，最后我们终于将厨房收拾好了。又有了使现代生活便利的工作槽和电冰箱，晚餐不用再吃热团，也不用再在浴缸里洗碗，万事大吉呀！这种极好的感觉难以形容。由于厨艺不精，我们邀请了几位擅长烹饪的朋友来家里庆祝了一番。我们在新厨房里一起做了顿三道菜的大餐。一切工作都进展顺利，可后来出了麻烦：不

知道怎么弄的，我们在做第一道菜时废弃的材料堵塞了垃圾处理器。没错，是自制的鹰嘴豆沙惹的麻烦。因为大家离开时谁都没有注意到水槽下面的那个废物处理器的翻盖儿是打开的，所以巨大的菜叶块儿流进了排水口。随后，我们刚刚接好的管道又断开了，这就发生在大家吃饱肚子我们送朋友回家仅仅几小时之后。知道为什么吗？因为堵塞物流进墙壁里面很深的地方，这样就把管道给撑开了，用管道疏通机都解决不了问题，所以我们就在网上搜索疏通管道的技巧，知道了开水可以破解堵得很深的、遥不可及的堵塞物（它差不多能烫熟蔬菜和肉让它们缩水，这样水就能通过了）。我们将管道重新接好，试了一下这个办法。朝里面灌了几加仑的开水之后……成功了！我们想说的是这件事让我们懂得：不要把自来水这样的东西当成小事，有时蔬菜块儿也会出现挡你的路。但是稍加努力（上网搜搜）就能解决问题。

组装在一起

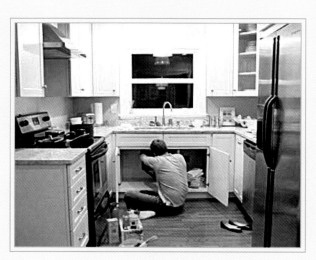

又拆开。哦！哦！

三种简单的
后挡板 DIY

成本	25 ~ 100 美元
工作难度	费点力
耗时	一天

如果你有一个非常丑陋的瓷砖后挡板，**无需用灰浆和泥刀**，试试下面几种遮盖方法：

1. 锡制的**天花板瓷砖**具有一种光滑而迷人的感觉，同时还能增添纹理，你甚至还可以将它们漆成不同的样子。可以用建筑胶黏剂将它们挂上（问问店员，请他给你推荐你要覆盖什么类型的瓷砖），或者如果你是租户，可以用可去除的方法，如 3M 的双面胶带暂时固定瓷砖。

2. **装壁板**和锡板一样，可以用建筑胶粘剂或 3M 双面胶直接挂在已有的后挡板上，这样很快就会显得美观，而且你也可以给它上漆改进一下。

3. **大量的各式各样的装帧框**从黑白照片到彩色的织物（就像我们用的）可以斜靠在后挡板上，或者用可去除的 3M 双面胶粘在合适的位置上。它们不仅能增加许多个性（还能遮挡丑陋的连壁），因为很多欧洲人的厨房里的后挡板都是玻璃的！现在就用牛角面包庆祝一番吧！

小贴士
想想一件家具传统功能之外的用处

　　一个梳妆台在客厅或休息室也能发挥作用，一个书柜可以很容易地变成吧台，一个旧的图书卡目录柜可以用来做岛式橱柜台，一个餐具柜可以加装一个台面和水槽变成盥洗台。实际上我们已经将一个床头柜通过添加一个水槽和水龙头（见第 108 页）变成我们旧浴室的梳妆台。所以，在你的房子里找一件家具，想象一下将它用作另外一件东西，不管你是在上瘾地将它DIY 还是只将它从一个房间搬到另一个房间。

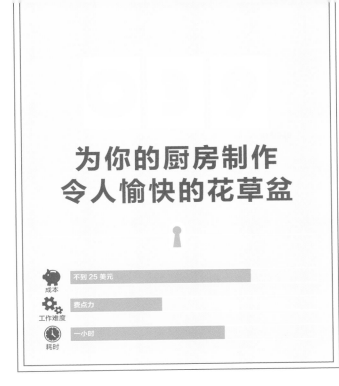

为你的厨房制作
令人愉快的花草盆

成本	不到 25 美元
工作难度	费点力
耗时	一小时

在花盆里种上新鲜的花草放在阳光明媚的窗台上总是令人陶醉的（而且具有实用性），用装饰胶带给这些花盆做个升级吧，可以给它们增加生趣。

1. 从家居店、花园中心，甚至是二手店或宅前小卖场找几个小陶土花盆。
2. 找一些较厚的装饰胶带（我们用的是从 Michaels 买的叫做 Trim Accents 的胶带）。
3. 用卡片纸板做一个模板围绕在花盆上。
4. 将装饰胶带贴在整个纸质模板上，沿模板修剪掉伸出纸版外的胶带。
5. 用贴上装饰胶带的模板将花盆包裹起来，用一点透明胶带从背面将其固定好。

从这里开始

一个果盘，5 个种类

选择多，耗时少（而且水果多多）。

1. 我们多年来一直选择人造的蛤壳形果盘

2. 带几何图样的白色金属果篮，既现代又有趣

3. 铁丝果篮为厨房增色不少

4. 笨拙的木头果盘能够给厨房的任何橱柜带来自然纹理

5. 大号的高脚水果盘总是显得那么优雅（在 Goodwill 只卖 3 美元）

三种摆放餐具的方法

041

这俩人中有一个人（就是雪莉）喜欢摆弄餐具，两个人都喜欢吃。所以就有了下面的几个想法。

1. 尝试将你的银制餐具卷入餐巾里，营造一种休闲小酒馆的氛围

2. 克莱门氏小柑橘能为白色和海军蓝色的餐具增添现代流行元素

3. 把这个从二手店花 80 美分买到的罐子装满开心果，肯定能给客人一份甜蜜的惊喜

用新配件改造旧橱柜

成本 至少 100 美元

工作难度 费点力

耗时 一两个小时

你会惊讶地发现有这么多种厨具配件可以翻新旧东西。只要你的新配件能够插入旧配件留下的洞孔（比如说，如果新旧门把手都是 3 英寸长）就可以，无需木材填料、染色或上漆。因此你完成这项工作只需一两个小时。

这个清爽的蓝色把手能添加一种出挑的俏皮感

一朵甜蜜的陶瓷花充溢了魅力

这个现代的由多条条纹组成的图案给人酷酷的感觉，且具有线条感

别致的镀金几何把手散发出优雅的感觉

干净、实用的把手看起来光滑且低调

蓝色的泡沫玻璃把手看起来梦幻轻盈

这个不锈钢玻璃把手看起来有趣且充满未来感

暗色的八角形把手颜色暗淡，做工精细

圆齿状、布满细饰的把手总是那么迷人

这个可爱的猫头鹰把手很有意思

勇敢地把桌椅重新排列组合吧!

混合搭配你的桌子和椅子

餐桌和椅子(无论从颜色还是式样上)无需完美搭配。混搭可能看起来更有层次感,而且更有意思。下面是一些我们喜欢的搭配。

- 现代的玻璃桌子 + 深色的软垫靠椅
- 笨重的木头桌子 + 光滑的有机玻璃靠椅
- 圆形的白色桌子 + 有纹理的编织椅
- 深色木质桌子 + 白色软垫靠椅

粉刷你的厨柜

成本	25～100 美元
工作难度	很费力
耗时	一到两周

我们两所房子的厨房都是过时的深色木厨房，所以我们对用这种技巧将厨房装饰一新的工作并不陌生（只需要令人震惊的不到 100 美元的预算）。

1. 选择油漆颜色和新的橱柜配件（如果你已经决定不再用旧的了）。挑选颜色的最好的方法就是将油漆色板用胶带粘在一个垂直平面上（这里的垂直平面就是橱柜门）。此外，看看你的新配件是否可以使用现有的洞孔，还是要钻新孔来配合新配件。

2. 去掉橱柜上所有的柜门和抽屉面板以及各种配件（如果还要使用，一定要将配件小心保存起来）。将柜门和抽屉平放在一个大的、干净的工作区域。

3. 如果你不打算使用现有的配件孔，就用腻子刀将木料填进洞孔里。等填料干燥后，用砂纸将其磨光。如果有必要可重复操作，直到填料处与别处齐平。同样的方法可以用于消除门或相框上任何裂缝或较深的划痕。

4. 用一个棕榈砂光机和 150 目的砂纸打磨柜门和抽屉面板的每一处地方（包括柜门和橱柜的内面，如果你打算给这些地方也上漆的话）。不需要去除所有现有的颜色，但要用砂纸充分打磨，直到有光泽的涂饰变得粗糙，就可以准备上底漆。

5. 用液体消光剂浸湿抹布，擦拭柜门和边框。

6. 等消光剂完全干燥后，在所有要涂漆的表面刷上一层薄薄的、均匀的底漆。遇到角落或缝隙就用刷子上漆，但在底漆晾干之前，为了使刷痕减到最少，务必用小泡沫漆辊将所有表面过一遍。向你最喜欢的油漆店咨询关于底漆的建议（Zinsser Smart Prime 这个牌子的底漆我们用着效果很好），如果你要将橱柜漆成深色，就记得要买有色底漆。

7. 待底漆干透，用涂料重复上面的操作。可能需要涂两到三层，这取决于选择的颜色。有很多专门针对橱柜的涂料选择，这些涂料刷起来比较平滑，而且黏度好，不易滴落（我们使用本杰明·摩尔的 Advance 涂料，它属于自流平、低挥发性的涂料），因此减少涂层与挫败感就靠那些涂料了。

8. 很快就能把厨房收拾好，虽然很兴奋，但一定要遵守油漆制造商提供的关于干燥时间的建议。你肯定不想因为行动过早把你刚粉刷过的柜门搞砸。

9. 全部都晾干之后，将把手或拉手安装到柜门和抽屉面板上——从前往后，在橱柜上钻新孔（必要时借助一个小导向孔）。我们通常使用从五金店买来的便宜模板快速完成这一过程。安装上把手和拉手之后，就可以重新安装门合页和抽屉了。

10. 重新安上柜门，将抽屉放回原处，把所有东西都放回厨房，这就叫干得漂亮。

> **注意：**
> 若要获得完整的橱柜粉刷过程信息及图片，请访问 younghouselove.com/book。

给橱柜背面
刷上流行色

成本	25 ~ 100 美元
工作难度	费点力
耗时	一个周末

给没有门或者装有各种玻璃门的**橱柜内壁涂色**会让人眼前一亮。说到颜色选择，柔和的蒂芙尼蓝（也叫罗宾鸟蛋蓝）、菜绿色、灰褐色或浅灰色总是那么漂亮，或者一些大胆的色彩像巧克力色、绿黄色、蓝绿色、红色或黄色可以使整个厨房变得鲜亮。可以使用缎光漆或半光漆，它们很容易擦拭（因为橱柜内部使用的最多），第 61 ~ 62 页的橱柜粉刷方法也适用于橱柜内壁的粉刷。再来一个小提示，如果你将橱柜的侧面用胶带封起来（这样就保证除了橱柜的背面，橱柜的其他地方不会被涂上颜色），等上完最后一层涂料时就尽快将胶带撕下来，确保橱柜背面与橱柜其他部分的颜色分界线是分明的。等所有地方都干了，就可以把你家最漂亮的盘子摆放到橱柜里，然后（对着自己的杰作）咧着嘴傻笑了。

将你的岛台漆成与
橱柜不同的颜色

将**对比色**运用到岛台上（或橱柜的上部和下部）可以增加深度和个性。黑巧克力染色搭配清爽的白漆、沉闷的灰绿色搭配柔和的灰绿色、黄褐色搭配柔和的奶油色、深海军蓝搭配光亮的白色是几个经典的组合。要获得循序渐进的橱柜粉刷指南（见第 61 ~ 62 页）。

047

去掉橱柜门，
营造开放式的感觉

　　大多数厨房橱柜的合页都在橱柜侧面，但
也**因柜门而异**，只需拧开合页上的螺丝就能将
门与合页去掉，从而营造一种开放式的效果。
给人一种更加明快的视觉效果，这是一个炫耀
你经常使用的盘子和玻璃器皿的极佳方法（这
样它们就没时间落满灰尘了）。

让你的黄铜吊灯焕然一新

成本 不到 25 美元

工作难度 费点力

耗时 一天

你通常可以在当地的旧货店，如 Goodwill 或 the Habitat for Humanity ReStore 用 10 美元或更少的钱买到一个旧黄铜吊灯。经过改造之后，他们看上去一定会像是你花了更多的钱买到的东西。

1. 去家装店买一罐喷底漆和一罐颜色醒目的水果色喷漆，如梅红色、西瓜色、柠檬黄色、橘色或石灰绿等等。一款更柔和的颜色，就像深靛蓝、茄紫色、深翡翠色或炭黑色，也可能很棒。当然，光亮的（或半光泽的）黑色或白色效果通常也不错。

2. 用湿抹布把吊灯擦干净，卸掉灯泡，用涂漆和胶带将安灯泡的插头包封起来，起到保护作用。你肯定不想要那些灯座都粘上喷漆。

3. 先涂上两到三层超薄的、均匀的喷底漆，随后涂上三层或四层同样薄薄的、均匀的喷漆（我们使用的是 Rust-Oleum 的 Painter's Touch 的光泽紫色）。如果你知道如何使用克藻星消毒液（定位、喷射，一直保持罐体在移动），您就会使用喷漆（相同的要领——只要保持漆罐在移动，亲爱的）。

4. 等油漆完全干燥后，找一个在电学方面懂行的朋友，给他点好处，让他来帮你把灯挂上或在视频网上查找一个不错的视频教程（你要做的基本上只是关掉电源并连接之前从灯具上断开的电线，连线的方法和断线的方法一样）。你也可以请电工来做这个工作，这样就得额外花费 50~100 美元。

一些关于喷漆的基础知识

喷漆的结果可以很完美，但也可能制造一个湿漉漉的、脏兮兮的烂摊子。告诉您一些我们常用的小窍门吧。

■ 不要选择廉价的 2 美元的喷漆，选择 6~7 美元有质量保证的东西（我们喜欢 Rust-Oleum 触发喷嘴，因为它能使喷出的油漆薄而均匀，同时也不会使你的手指到处都沾满油漆）。

■ 不管你要给什么物体喷漆，将喷嘴保持在离物品 8~10 英寸远的地方。

■ 一直保持漆罐移动。如果你要学会喷漆，你的手臂最好要学会摇晃。

■ 三层薄而均匀的漆衣比一个厚而粘稠的涂层更好。你肯定想要创造一个薄雾状的、而不是又重又湿的涂层。如果你看到油漆形成滴状，就说明你漆得太厚了。

■ 喷漆要使用无挥发性的，尝试戴着面具在户外使用，按照使用说明上建议的时间让它硬化（通常 24 小时，但我们尽量让它硬化双倍的时间）。

■ 你可以"密封"任何喷漆（一旦你把它带回室内，这样做可以抑制废气挥发），通过使用一种诸如 Safecoat Acrylacq 的产品给它刷上两层薄薄的涂层，这种产品具有低挥发性和无毒的特点。

■ 我们通常喜欢给较小的物品喷漆（比如，吊灯、相框、灯基、小凳子和金属边几），但更喜欢使用一个小泡沫辊和漆刷来解决大物件（如，办公桌、桌子和橱柜）的粉刷问题。

刀的存放

成本 不到 25 美元

工作难度 不费力

耗时 不到1小时

我们有两三把刀是经常使用的，通常被我们随手放到厨房的某些地方——这个你也了解，无非就是放在砧板上或窗台上——这样会产生两种结果：厨房看起来杂乱无章已经是最好的结果了，最坏的结果就像是发生了连环凶杀案（我们确实很爱看"嗜血法医"……）。这个便捷小巧的刀具存放装置看起来确实好多了。另外，这个咖啡版，连我们这些不喝咖啡的人闻起来都觉得很香！

1. 取一个比你家所有刀的刀身都高的花瓶（没必要比刀把儿高）。

2. 把花瓶装满未煮过的意大利面、生米，或咖啡豆。

3. 先把刀身用力插进花瓶里（之前最好先用毛巾擦干或者晾干刀身，这样他们就不会把大米或咖啡豆粘上去）。

4. 使用几个月之后，需要偶尔冲洗并充分干燥这些咖啡豆、米饭、意大利面。

拆除一些吊柜

　　在一个满是橱柜的房间里，拆除一些很少使用的吊柜可以立即让人感觉到房间的通风性好，而且房间变宽敞了（这些吊柜通常只是用螺丝钉固定在墙上或用螺丝钉彼此固定，所以把他们拿下来就像移除螺丝一样容易）。在原来挂吊柜的地方你可以挂浮动架子、你最喜欢的艺术作品、甚至一面镜子来扩大空间，增加趣味。

051

为橱柜柜台制作
蚀刻玻璃容器

成本　不到25美元

工作难度　费点力

耗时　一小时

要给面粉和糖做标记时，我们就去元素周期表上找一些书呆子们喜欢即兴背诵的元素名称，但是你可以用一些不干胶纸、一把小刀和一些蚀刻膏蚀刻任何你想要的简单文字或图标。不需要实验外套。

1. 在办公用品商店买的标签纸上打印出任何你喜欢的设计图案或文字。

2. 将你的设计粘贴在你家干净的玻璃容器上，然后用美工刀刻出设计图案或文字（别担心，不会伤害到玻璃）。

3. 剥掉贴纸露出你想蚀刻的区域。

4. 拿起蚀刻膏（在网上或者工艺商店找到的），按照上面的说明来完成你的设计。我们发现，将蚀刻膏在图案上保持使用说明上建议的最长时间有助于取得更加均衡的蚀刻结果（你看，我们面粉罐上的蚀刻看起来不是比糖罐上的更整洁吗）。活到老，学到老！

小贴士
了不起的手工制作

家里制作的 DIY 项目虽然达不到十全十美，但却很讨人喜欢，而这就是他们的魅力所在。这些 DIY 的物件不是用机器批量生产或制造的，所以很可能从一两处地方就能看出这些物件是用手工精心制作的。请接受这些物件的瑕疵和令人感觉奇怪的地方吧。请记住，事实上在许多高端商店，要付高价才能买到这种有手工制作感觉的商品（生产商通常使用机器故意磨损物品，使他们看起来更破旧或不协调）。我们不会宣称我们为这本书 DIY 的物品或设计堪称完美，因此请记住你粉刷过的从二手店得来的梳妆台（谁会注意滴在后面角落里的油漆呢）或你设计的床头板或椅子座垫（如果最终的式样小了 1/4 英寸又能怎样呢）仍然比什么都不做进步了很多呢。

可以给我弄一个蚀刻的狗食罐吗？

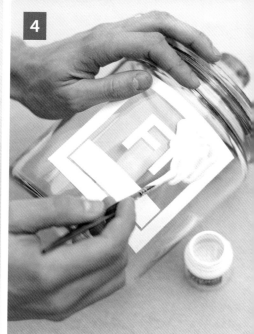

这些瓶子在Target
里的售价是每个
5.99美元

用经济适用的
方式升级橱柜

如果你不喜欢你现有的橱柜台面，要想改变他们并不意味着你必须得花重金购买花岗岩或大理石。现在越来越多的时尚厨房都逐渐采用了比较便宜的（这些便宜的材料也很好看）材料像仿砧板、灌浇混凝土板（在 diynetwork.com，instructables.com 和 concreteexchange.com 这些网址上都有不错的在线教程）、甚至可以选择像可丽耐（这种人造石颜色经典且价格便宜，比如白色）这样的人造石。特别好的一点就是，所有这些材料不仅价格实惠而且颜色是中性色调，所以在 10 年或 20 年以后他们都不会显得过时而且方便装饰。

大家通常都想在餐桌底下铺上足够大的地毯，这样就可以将所有的椅子分开放置而不用担心他们会超出地毯的范围。不仅实用，而且不会使桌子显得拥挤，整个用餐空间将会更开放。给物品间留点空隙其实挺好的。

为你的餐厅寻找大小合适的地毯

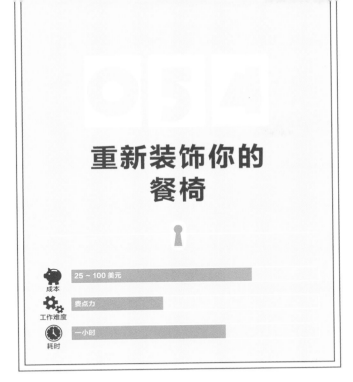

重新装饰你的餐椅

成本 25～100 美元

工作难度 费点力

耗时 一小时

从这里开始

没错，没错，提出如"装潢椅子"这样的想法是很好的，但如果你以前从来没做过，这听起来倒像一个艰巨的任务。我们是怎么知道的呢？因为曾经有一段时间，我们从来没有做过这样的工作。但是既然我们已经完成了这个任务（所以现在能给你说说这件事），我们可以向你保证，这不像脑部手术或火箭科学那么难。下面介绍如何以新鲜的装饰形式，给旧椅子添加一些新时髦元素。

1. 首先，去掉座垫。通常需要松掉椅子下面的几个螺丝来松开座位。

2. 把垫子放在你的新面料上（如果上面有图案，确保图案是直的并在中间位置），然后按照座垫的形状，在原来大小的基础上每边余出 2 英寸剪下一块面料。

3. 将剪下来的面料盖在座垫上，然后将整个座垫和面料正面朝下放在地板上，这样你就可以把面料拉紧，包裹住座垫四周，然后用打针枪装订到位。在这个过程中一定要把面料拉紧并保持面料笔挺，为了牢固固定，每两英寸左右就要添加一个订书钉。

4. 在制作过程中要定时查看座垫正面的面料是否绷紧，图案是否在中心，面料是否有褶皱。你肯定不想订了 40 个订书钉之后再把座垫翻过来时被吓一大跳吧。请记住，如果面料看起来松松垮垮或变形了，用平头螺丝刀就可以很容易的取下几个订书钉，整理下面料，再重新订上。

5. 装订座垫的四个角时，就像是在包装礼物。将面料卷起折叠，隐藏在座垫的背面，这样座垫的表面看起来就会包裹得很紧密。每装订一个角之前，将座垫翻到正面看看是否你想要的样子，然后再扣动扳机，这个方法很管用。

6. 完成装订后，你的座垫就会拥有一个崭新的表面，然后用固定旧座垫的方法将垫子用螺钉重新装回座椅上。

7. 也就是说，如果你不想对餐椅进行进一步的加工，比如上漆或染色（这些最好是在装回座垫之前完成），那么就恭喜你完成了餐椅翻新的任务，奖励你个美味的热狗。

> **注意:**
> 若要获得更多餐椅重新装饰信息及图片，请访问 younghouselove.com/book。

3

5

这把椅子在二手店的价格仅为7美元

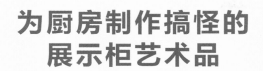

为厨房制作搞怪的展示柜艺术品

成本 不到 25 美元

工作难度 费点力

耗时 一小时

这是一个收集与厨房有关的"珍品",并用科学的方法将他们展示出来的机会。

例如,将一排干意大利面条贴上写着"标本"之类的标签,再将其放入展示柜中裱上边框,这样看起来真的酷极了。除非你认为我们疯了(我们可能只是……)。不过,说真的,你也可以用这种方法展示各种茶叶包、干豆或者咖啡豆。保持展柜趣味性的关键,就是尽量让人们看到它就感觉像是在科学实验室里。搞怪是一种新潮流。

1. 第一条建议超级简单。如果你不太擅长插花艺术，就用一种颜色的同一种花。这样看起来很精致，而且比应付宝宝的呼吸问题或其他的变数要容易得多

2. 将一束花分开遍插在几个小花瓶里，这种方法屡试不爽——只用剪掉几根茎扔进花瓶即可（水！别忘了添上水）

3. 有凹槽的花瓶是你的居家好伙伴。他们能够帮助花枝毫不费力地自然张开。有时你会发现你反复使用的花瓶只是形状简单的有凹槽的玻璃花瓶，这样的花瓶对鲜花起到了很好的衬托作用

056

不要担心
不会摆放鲜花

现在是坦白时间。我们也曾经为摆放鲜花而苦恼。不过后来我们找到了解决办法。我们不是专业花店，但这些小贴士可以使问题简单化，并能帮助你将盛开的花朵带回家。

4. 难道这个建议与花无关吗？花在哪里？嗯，有一些花瓶没插花可以起到很棒的装饰作用。所以，在花价很高的时候拿一个闪闪发光的银色花瓶像这样做做样子也会让你高兴起来

5. 选择这个令人愉快且小巧的优雅花瓶绝对没错——不管有没有花。如果我们当初要给她插上花，就会选择简单的白色花朵来衬托这个花瓶，或者选择同色调的花（比如，黄色郁金香）来达到酷酷的单色效果

6. 就像前面提到的他的花瓶朋友们一样，这家伙也能靠长相过活（感觉花瓶上好像写着：有没有花都无所谓），但是如果给这个花瓶插上一簇由同一种鲜花组成的球形花束（比如，红色康乃馨、黄色玫瑰、白菊花）整体看起来会给人一种很整洁干净的感觉

想想花瓶里除了鲜花还能放些什么其他的东西呢

从**葡萄酒软木塞**到生糙米到咖啡豆或未去壳的核桃，把这些东西放在花瓶里既显得优雅而且成本几乎为零。真神了，你甚至可以使用一些长在外面的东西。我们见过的最漂亮的桌面摆饰之一，是一个简单的碗，里面装满了从外面采来的野花。

其他东西也可以考虑：

- 丝带
- 钱币
- 贝壳
- 干意大利面
- 骰子
- 弹珠
- 多米诺骨牌
- 岩块儿或石头

模印桌旗

成本	25～100 美元
工作难度	费点力
耗时	一下午

有时，要找一条带有自己喜欢图案和颜色的桌旗有点困难，那些图案枯燥，老旧又普通的桌旗倒是更容易找到，这时自己制作桌旗就能派上用场了。

1. 将一块儿有可爱图形的带花边的布头放在一条普通面料的桌旗上。这项工作最好在室外进行，在地上铺一块布，把桌旗铺在布上。

2. 用织物专用喷漆给整个桌旗喷上薄薄的一层你喜欢的颜色，注意要按照喷漆上的使用指南操作，而且不要喷得过重（我们用的是 Jo-Ann Fabric 的铜色 Stencil Spray）。

3. 等桌旗上喷满漆后，将花边布小心地从桌旗上拿掉，这样桌旗上就呈现出你刚刚创造的花边式的图案。

4. 充分干燥，然后根据织物喷漆的使用指南清洗或使用桌巾。

斯蒂芬妮的带有整个世界的餐具柜

客座博主的家装想法

博主姓名：

斯蒂芬妮

博文：

布鲁克林的石灰石（WWW.BROOKLYNLIME STONE.COM）

地址：

纽约市布鲁克林区

最喜欢的颜色组合：

银色＋金色（有时镍色＋黄铜色）

最喜欢用的工具：

打钉枪

最喜欢的装饰房间的方法：

用一些旧东西

在当地的跳蚤市场闲逛时，我偶然碰到了一张受损的但价格便宜的餐厅餐具柜。我很喜欢它的样子，作为额外的储备家具应该很不错，它的尺寸大小刚好可以代替一个沙发几。它的表饰不是很好，样子是我所知道的最传统的了，但是我明白只要稍微用点儿想象力就能使它有所改观。它将成为一个完美的作品，能为我那个设计风格非常中性化的客厅增添一点个性。

备件：

■ 餐具柜（梳妆台、碗柜或桌子都可以）

■ TSP 溶液（一种在家居店有售的洗涤剂）

■ 棕榈砂光机和砂纸

■ 半光漆

■ 金属工艺漆

■ 漆刷、泡沫辊和小手工刷

■ 投影仪（试着从当地的学校或办公室租一个或借一个）

■ 透明纸

■ 聚氨酯嵌缝膏（可有可无）

1. **清洁。** 将餐具柜上的配件都去掉之后，我的餐具柜大改造工作就开始了。我用 TSP 洗涤剂和清水将柜子整个儿清洗了一遍，好除去上面积了十几年的脏东西。

2. **砂磨。** 柜子干了之后，拿出棕榈砂光机将上面的漆层去掉。柜子表面不平整，有好几处磕伤，所以我又额外延长了打磨时间，直到木头表面光滑为止。

3. **刷底漆。** 将餐具柜打磨之后，我拿出刷子和泡沫辊将它涂成了孔雀蓝的颜色，焕然一新（我用的是 Martha Stewart 的 Plumage）。我喜欢这个颜色，但感觉还少了些什么。

4. **挑选一些有冲击力的颜色**。我注意到一些金色的图画可以与房间里其他地方的金属色调配接起来，还能添加一些活力。我考虑了很多种图形（∨形图案，人造森林，还是条纹）最后，我想起我热爱的旅行，那就用世界地图的样子吧。这是突显这个柜子的完美方法。

5. **给图形投影**。我找到一张地图，将它转移到一张透明纸张上，然后拉出头顶的投影仪。（没错，就是那种很多年前你在学校见过的投影仪）我关掉电灯，让地图的阴影清晰一点，然后我将影子画了出来。

6. **再次上漆**。我用一把小漆刷将地图的轮廓不太精确地画在了柜子表面，然后把轮廓里面填满。要刷上几个涂层才能使图案美观、有立体感，不过几乎不需要任何技能或艺术才能。

我本来计划等柜子上完漆后一个月，再在上面涂一层聚氨酯嵌缝膏来保护漆层，但令人惊喜的是没有这道工序柜子也很耐用。所以这项工作比我想象的要容易。瞧！整个世界就在我的客厅里。

没思路了吗？沮丧吗？不知所措吗？这是 DIY 的必经之路

- 每个人都会犯错。例如，我们将装饰物漆成了单调的颜色，得返工。干得很烂。但我们知错改错，纠正了路线（而且在这个过程中汲取了一两个教训）。将错误看成进步的标志，而不是停滞不前。如果你正在做某事，即使事实证明是错误的，它也仍然在教你下次怎么样更快的成功。

- 尝试变化。如果有一些东西不再适合你的风格，不要责怪自己。你可以把它们放在克莱格列表网站上，或给他们漆个颜色，或者适当地改变它们。能让你的房间有所改观，你所做的一切都是值得的。

- 放松，它只是装饰。当我们出了错或者某项工作花了很长时间的时候，我们总喜欢那样说。常有的事，有时预算和时间表可能会令你崩溃，但是做几次深呼吸还是挺好的，想想看，现在起码还没有人有生命危险。

- 坚持下去，挂件艺术品。如果你讨厌它，你可以在 10 分钟之内把洞填起来，上涂料。如果你讨厌它，你可以重新上漆。几乎每一个设计方案都很容易被推翻。很可能你喜欢你完成的大部分工作，只是在整个尝试的过程中有一点点真正的错误。

- 最后，一切都是值得的。相信我们。

做一个树枝状的烛台

成本 0～25 美元

工作难度 费点力

耗时 一小时

有个很棒的方法将室外的元素带进室内，尤其是因为树枝是免费的。

1. 找一根样子有趣的树枝或已经落下来的树枝，一些地方的厚度至少要 3 英寸。

2. 将树枝在车库里放上几天，或者在冰箱里放一两天（如果大小合适的话），这样可以确保它是干燥的，而且没有小虫子。

3. 用电钻和一个大号圆形钻头（在五金店里一个 1¾ 英寸的钻头大概需要 6 美元），在树枝上每隔 5 英寸的距离总共钻出 3~4 个小圆格子，用来放置盛放许愿蜡烛的玻璃烛台。

4. 将装在玻璃烛台里的许愿蜡烛放进刚才钻出来的格子里。将许愿蜡烛装在玻璃烛台里比光秃秃的蜡烛没有任何玻璃围住烛焰要安全得多。我们是在 Target 买到这些材料的。

5. 将蜡烛点燃，在火上取暖吧！

整个烛台的制作只
花了不到 9 美元

睡眠

一些关于卧室装修的想法

雪莉说

在你小时候给你很多影响的房间就是卧室。你可以在卧室里挂上 the Block posters 上的 New Kids，或者在宠物吊床上放满毛绒动物（是的，这两件事我都干过，还穿过用喷枪喷过的闪闪发光的牛仔裤）。有时你甚至可以选择墙壁的颜色或添加其他一些定制的细饰。实际上，我在我的壁橱门上画过云形图案，约翰也承认用多个加菲猫装饰配件装饰过房间（对于那个脾气暴躁的爱吃烤宽面条的猫，他简直喜欢到了不可思议的地步）。约翰还为不同季的《真实的世界》的演员制作了一个"艺术"拼贴。我记不清楚了，我曾经是否可能还有一张画着海豹宝宝的野生动物海报。是啊，我们在精彩的旧时光里将自己的房间变成了我们小小的藏身之处，因为我们对房间以外的地方绝对没有太多的装饰"权利"（我想知道为什么）。

现在别看，但是我的
牛仔裤正在对你眨眼

我认识约翰时，他还
把那个绵羊毛毯带在
身边呢

即使是成年人的卧室，也通常只有你和你的家人才能进入。所以这是一个你可以真正获得自由和乐趣的地方，因为在这里你不需要招待客人或朋友。就拿我们的第一个房子的主卧来说，那个房间完全没有放衣柜的空间（只有一个极小的，尺寸大概是普通衣柜一半的衣橱，我们很难做到共同分享）。就这样凑合了一段时间（其间我们一直在思考可能的解决方案），我们决定做一些非正常的事情。我们在床的两边分别装了一个带帘子的有天花板那么高的衣柜，我们给衣柜添加了柜楣，看起来就像是嵌入式的。这样就为我们营造了一个舒适的睡觉的角落，同时也可以

将东西隐藏起来。这种做法肯定不常见，而且也很可能并不适合所有人，但对我们来说，这个方法就像魔法一样有效。

我们卖房子的时候了解到，新主人正计划在卧室里放一个特大号的床，这意味着我们的壁橱将被完全拆除。起初我们非常伤心而且不解，为什么每个人都不愿意用一张按我们的标准仍然很宽敞的大号床来换取扩大 3 倍的壁橱空间呢。但最终我们认识到卧室真的是私人空间，就像昔日的 the Block posters 上的 New Kids 一样。对于如何让卧室拥有家一样的感觉，每一个人都有不同的想法。

做一个带软垫
的床头

从这里开始

成本 25～100 美元

工作难度 费点力

耗时 一两个小时

卧室的床没有床头，如果床头会说话，它肯定会尖叫着抗议："卧室还没装修完呢！"那为什么不做一个呢？

1. 我们最喜欢的既廉价又简单的方法是去艺术品原料店买一个叫作画架的木制框架，而不是用胶合板切割一个框架。与胶合板不同，画架既美观又轻便，容易直接挂在墙上。这种框架也有很多尺寸，您通常可以找到一个完美的、无需削减任何木材的框架——按你想要的尺寸构建一个框架（我们为这个全尺寸的床买的床头板框架是 24 英寸 ×54 英寸的）。

2. 将一些超厚的棉絮铺展在地板上，然后将你准备的床头板框架平放在上面。裁剪棉絮，在四边多留几英寸，这样可以将它拉开钉在框架周围。

3. 将棉絮包裹在框架的四个边缘，用一个打钉枪将其固定。我们喜欢先将订书钉分别固定在 12 点、3 点、6 点和 9 点的地方，其间要保持棉絮是拉紧的状态以防止打褶。最后在整个周长上每 3~4 英寸的地方再钉上订书钉，就像包装一份礼物一样包裹、装订框架角落的地方（将棉絮折到框

架后面，使得前面的角看起来很美观干净）。如果你的床头板还没达到你想要的那种豪华的感觉，那就再装订一两层棉絮。

4. 与处理棉絮的方法一样，将织物裁剪成各边都大于框架几英寸的大小。在装订之前特别注意保持织物上的所有图案不会歪斜并且居中。然后像装订棉絮一样以同样的方式装订织物，特别注意：每装订几个订书钉就要检查一下框架表面的图案有没有倾斜或偏离中心。一定要把织物拉紧，这样它最终就不会耷拉下来。

5. 床头板做好之后，你只用将它挂在墙上即可。框架很轻，只需要几个螺丝钉就可以挂住。

提示：
登录 younghouselove.com/book 找到更多关于制作软垫床头板的信息和照片。

4

5

不到一小时就能完
成这项工作

一张床，
三种布置方法

1. 黑色的寝具看起来很豪华，给人一种包裹感，多叶图案的长枕更为整体效果添加了趣味性

2. 一条白色羽绒被 + 色彩 + 图案 = 一幅生动的画面

3. 忧郁的颜色，比如石板蓝和灰色，显得平静，而几何图形添加了复杂元素

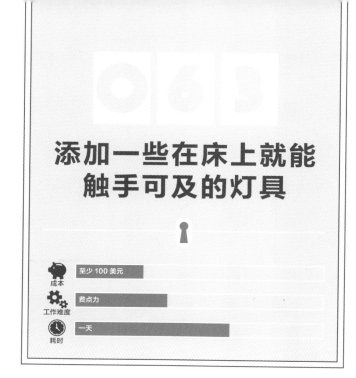

添加一些在床上就能触手可及的灯具

成本 至少 100 美元

工作难度 费点力

耗时 一天

拥有一个从床上就能关掉的灯真是一种奢侈。以下是几种选择：

■ 床头柜上的台灯

■ 壁灯

■ 摇臂式灯

■ 吊灯

无需专业人士，因为这些灯都能找到插入式的，但是得雇一个专业电工，只需要花费 100 美元为灯布线（这可能是给你自己或你的另一半的一个不错的生日礼物）。或者你可以从五金店买一个便宜的遥控照明灯。说真的，当你不用为了逃避起床关灯而假装睡觉的时候，生活会更加美好。

给你现有的床头加个"套子"

将织锦或毯子盖在床头上，为床头营造一种全新的样子。这样就可以了

手工压印床罩

如果你有一个普通的床单，想把它变得更有生趣，也许是时候拿出织物涂料，在床单上压印上自己喜欢的图案了。

1. 在工艺品店或网店选择你喜欢的织物涂料（我们使用从 Jacquard 买的 Lumiere 系列的 Met Olive Green）和模板。

2. 在一张纸或一小片织物上，测试你的模板看看如何模印出最清晰整洁的图案。我们喜欢用一把带海绵头的工艺刷将涂料轻轻地敷上。

3. 如果你满意测试效果，就开始模印你的床单吧。可以在床单边缘附近尝试印一些交错排列的行或者饰边。

4. 在使用床单之前，按照织物涂料的使用说明清洗、摆放你的压印图案。

翻开模具就可以看到已经完成的作品

添加一个温馨的
人造壁炉

成本 至少 100 美元

工作难度 费点力

耗时 一天

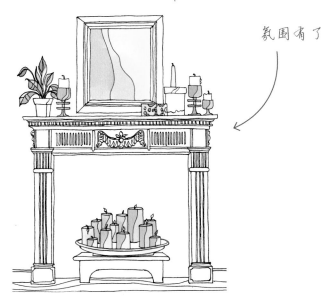

氛围有了

有一个使卧室的冷清的角落变得温暖起来的**简单方法**：

1. 买一个二手壁炉架（许多建筑废旧商店有售；我们也在旧货店和 Craigslist 网站上见过）。

2. 您可能希望给壁炉架先上底漆再涂漆，让它焕然一新（在房间里，一个半光泽的白漆刷成的壁炉架再加上相同颜色的装饰看起来不错，但这取决于你的喜好，比如你可能喜欢一种饱满的木色着色剂）。

3. 通过将螺丝钉拧入螺栓或使用铆钉将壁炉架固定在墙上。可能需要去除一小部分踢脚板或者在壁炉架上剪出一个小切口，这样壁炉架就能跟墙壁持平。

4. 在火室里添加大量发光的蜡烛或者在壁炉架上方放置一些艺术品来"检验"壁炉的效果。

给床头柜找个
替代品

如果你的卧室里没有床头柜，就尝试挂一个能放得下一个小型工作灯的浮架。或者你可以在床后面添加一个长长的桌案或书架，为床头增添现代魅力。

注意：
这个地方也可以用来放闹钟、牙套和《哈利波特》系列小说。

在墙上画一个床头

0 ~ 25 美元
成本

费点力
工作难度

一下午
耗时

如果买不到合适的床头，有一个快捷的方法提供临场效果、给床添加背景，还能增添色彩。这真是个三赢策略。

1. 如果你有粉刷其他房间剩下的油漆，那就试试吧。或者在商店买一夸脱油漆。我们用的是 Benjamin Moore 的 Hale Navy。

2. 在床后的墙面上用涂漆专用胶带和一把水平尺贴出一个简单的矩形（让矩形的宽度与床垫相同，这样感觉比较平衡，以大概 32 英寸高为标准）。

3. 用漆刷或小泡沫辊将矩形填充成你想要的新色调。两个或三个涂层就会达到想要的效果。

4. 立即撕下胶带（在最后一层漆晾干之前，这样能取得整洁的效果）。油漆正在干的时候，在沙发上小睡一会儿来庆祝你的人造床头顺利完工。

注意：

您可以在一块巨大的纸板上描出一个更华丽的床头形状（或画在一个模板上，通过将卡片纸与海报板用胶带粘在一起创建模板）。然后按照样板将曲线或几何形状描在墙上，并用涂漆专用胶带仔细描出轮廓，或者用小画笔画出图形边缘。然后用涂料填充图形即可。这里有一些关于床头形状的想法。

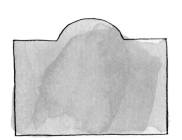

这是我们用一个纸质模板制作
的床头，将模板上的图形轮廓描
在墙上，然后用涂料将图形填满

用其他东西代替柜门

如果你就是讨厌、讨厌、讨厌你的壁柜门，可以用其他东西代替柜门。比如：

- 帷帘
- 装在酷酷的工业用轨道上的挡光板
- 许多丝带条，构成一个轻松又好玩儿的窗帘
- 百叶窗
- 能够滑到一边的布嵌板

你也完全可以不要壁柜门（给壁柜里漆上涂料，在里面添加有光泽的白色架子，上面放上篮子或其他养眼的储藏品，效果也不错）。你甚至可以将梳妆台塞进里面使壁橱看起来像一个开放的角落。去掉柜门非常方便拿取物件，而且房间会显得更大，因为我们可以看到更多的角落和缝隙。

再见，丑丑的门！

　　谁说梳妆台的抽屉就一定是令人觉得乏味枯燥的？打开抽屉看到令人愉快的、有图形的抽屉衬垫，就像一个意外惊喜。也可以用从工艺品店买来的花纹纸或者华丽的礼品包装纸。收拾衣服可能会变得出乎意料的有意思。

1. 将礼品包装纸或装饰纸剪裁成和每个抽屉底部同样大小（可以使用由粘在一起的打印纸组成的模板）。

2. 用双面胶将花纹纸的四个角和中间部分粘贴在抽屉底部。

3. 如果想取得特别耐用的效果，就得请出大人物了——剪贴工艺介质（比如，无光泽的 Mod Podge）。如果要这样做，一定等胶水完全干了之后再放入衣物。

用有图案的纸给抽屉做衬垫

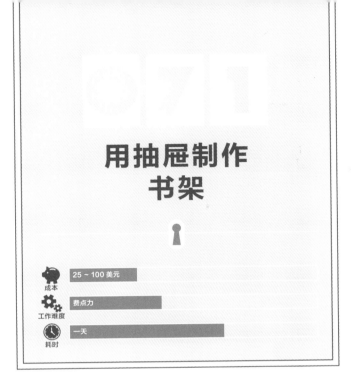

用抽屉制作书架

成本 25 ~ 100 美元

工作难度 费点力

耗时 一天

这就是一种变相的书架，但是形式更自由、更有意思。

1. 在二手店或小卖场买三个结实的抽屉。

2. 给他们染色、上漆、用剪贴画装饰、在上面印上图案或贴上墙纸，直到你满意为止。

3. 使用重型铆钉和螺钉（或是带墙体立柱的长螺钉）将抽屉悬挂并固定在墙上。

4. 和其他架子或书柜的使用方法一样，在上面放上你喜欢的东西（不同的是，它们看起来更酷一些，因为他们是抽屉）。

一个床头柜，
三种装饰方法

令人惊奇的是，一个普通的木质床头柜，通过粉刷、换上新配件和其他一些调整，可以呈现出很多种样子（见第 257 页完整的家具粉刷教程）。

1. 一个不锈钢把手 + 工艺品店里买的软木树皮卷（粘在合适位置）+ 便宜的脚轮 = 一个工业化效果

2. 光滑的白漆 + 一个天然的木头抽屉 = 酷酷的现代派

3. 鲜亮的颜色 + 好玩儿的金属配件 = 一个大胆的、愉悦的氛围

用风化的木头
制作床头

成本 25 ~ 100 美元

工作难度 很费力

耗时 一个周末

注意:

如果你不想要这些支撑木头显露出来,就将他们削减到略短于床头的高度,然后把它们从里面固定在离木板边缘几厘米的地方。可能需要添加第三块儿或第四块儿支撑木,取决于床头的长度。

4. 床头会很重,所以可以在床后面的墙上找到一些螺栓将床头用螺丝固定在墙上。或者添加可以挂上重型锚钩(或可以拧进螺栓的螺钉)上的重型钢丝钩(用螺钉固定在床头背面)和一些结实的挂线。或者你可以用削减成合适大小的 4×2 的木材来给床头增加几条腿,让它站在床与墙壁之间。

注意:

登录 *younghouselove.com/book* 获取关于此项工作的更多信息和照片。

如果你不喜欢**簇绒的或织物床头板**,你可以自制一个帅气的、有乡村情调的版本。我们做的这个花了 30 美元。

1. 如果你足够幸运有回收风化木,跳到第 3 步。如果没有,在储木场或家装店捡一些木板条,将他们裁成你想要的床头板宽度。家装店通常可以为你在店里裁剪木材(这样更易于运输,回家后装配更简单)。你还需要两个支撑木头,将他们削减成床头的高度或稍短一点(我们使用两个 1 英寸 ×3 英寸的木板)。更多的细节请参考步骤 3。

2. 对于使新木材老化,我们最喜欢的技巧是将木材稍微磨糙(试着用一个螺丝在它上面挂擦或用一袋钉子反复在上面拍打),然后用 150 目砂纸打磨,再用染色剂将它染成漂亮的、丰富的颜色,注意要按照染色剂的使用说明操作。我们使用的染色剂是 Minwax 的黑胡桃木色。

3. 等染上色的木板晾干后,将他们面朝下放在地板上,接下来是最后一道创作工序。将已经按照床头高度削减的两个支撑木块儿垂直放于木板两端,再用几个木楔子将他们固定在每块儿木板上,这样就大功告成了。

在下一页学
学我们是如
何制作这个
黄色镜子的

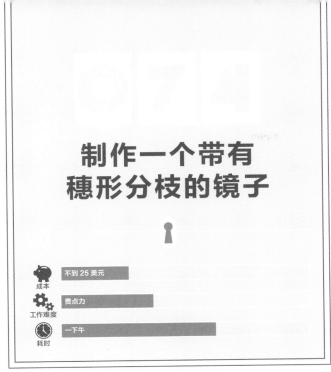

制作一个带有
穗形分枝的镜子

成本	不到 25 美元
工作难度	费点力
耗时	一下午

这个成品看起来将会像一个光芒四射的镜子，但有点不太常见，充满自然纹理。再说，将自然元素带进室内一定能取得极棒的效果。我们在 Michaels 花了 12 美元买到这个多枝的花环，然后用金黄色喷漆给它上了薄薄的几层漆衣，再使用高强度黏合剂将其粘到一个从 Hobby Lobby 花 3 美元买的 8 英寸镜子上。结果呢？花了不到 18 美元做成一个很酷的 25 英寸的镜子！

去上一页看看成品吧！

这是一个如此有趣又简单的工作。谈到颜色，白色架子配上一朵白色的云画在后面，这样的搭配出现在不是白色的墙上显然效果最好（我们用的涂料是 Benjamin Moore 的 Moroccan Spice），但你也可以将架子涂成任何颜色（天蓝色，银色，蓝绿色）然后在它后面画上一朵同样颜色的云。

制作异想天开的云形架子

1. 将你的浮架挂在墙上你想要的位置（在 Ikea, Bed Bath & Beyond 和 Target 都可以买到便宜的浮架）。

2. 用铅笔在浮架上方轻轻描出一片云朵的形状，然后用铅笔沿着浮架上面画出一条线，这样你就能知道到哪儿应该停止刷漆。

3. 去掉浮架，或者如果很难取下来，就用涂漆专用胶带把架子封起来避免沾到油漆。然后用一个小漆刷将云朵的轮廓刷成白色（与你的墙壁颜色相同的 3 美元一罐的白色测试漆应该奏效）。提示：您可能要将一大堆白色油漆色板带回家，然后选择看起来最接近你架子颜色的一款，这样搭配起来就比较自然。

4. 如果有必要，再刷一层漆，取得较好的覆盖效果。

5. 让油漆充分干燥，这就完成了！可以在架子上放一些可爱的物件，欣赏美景吧！

小贴士
改变一下

你完全没必要只局限于云形图案，还可以在书架上添加一个巨大的船帆，再在它下面加一个半圆形创造一艘帆船的样子。或者，你也可以通过在架子后面画上四瓣花或弯曲的括号形的图形，来创造一种时尚的成人空间。

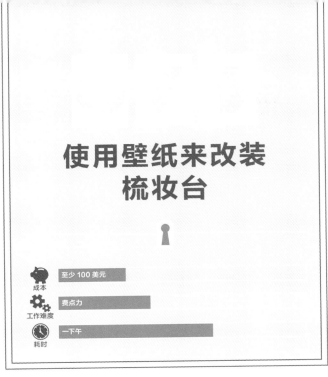

使用壁纸来改装梳妆台

成本 至少 100 美元

工作难度 费点力

耗时 一下午

当你完成时，**你会发现这可能是你最喜欢的工作之一，**那么就慢慢来找一些你喜欢的壁纸吧，祝你玩得开心！

1. 找一个便宜的、带平板抽屉的梳妆台。

2. 搜寻一些你喜欢的壁纸。将抽屉面朝下放在壁纸上，沿着抽屉面板的边缘将壁纸裁成与每个面板大小相同的矩形。

3. 使用壁纸胶或高强度的喷雾黏合剂、按照包装容器上的使用说明，将壁纸粘贴在抽屉面板上。

4. 如果喜欢，可以在给面板贴壁纸之前，将梳妆台漆成另外一种颜色。

从这里开始 →

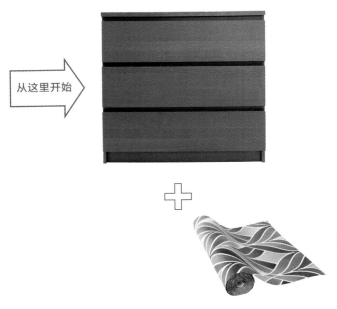

一间卧室，
两种装饰方法

装修卧室有很多种方法：冷静沉着型的、温暖包围型的、活力大胆型的——**确实有很多的可能性**。以下是对两个相同卧室的不同处理，一个营造了干净、现代的氛围；另一个展现出华丽、传统的样子。

1. 线条整洁的家具搭配光滑的烛台和干净利落的罗马帘，营造一种现代时尚的氛围。

2. 一个有曲线的超大号床头搭配豪华的床上用品和超大号的灯创造一种优雅、传统的效果。

凯特的储物柜大改造工作

客座博主的装修想法

博主：
凯特莱利

博客：
CENTSATIONAL GIRL
（www.centsationalgirl.com）

最喜欢的颜色组合：
灰色＋白色和其他色调（粉色、蓝色等）

最喜欢的图案：
微妙的几何图形或扎染图案

最喜欢的 DIY 伙伴：
我的超级手巧的丈夫——迈特

当我开始将儿子的婴儿房改造成适合更大孩子的房间时，我首先想到的是他需要一个不错的储物柜——一个能放大量东西、又适合他房间风格的储物柜。之前我看上宜家的汉尼斯储物柜已经很长时间了，最后我在克雷格列表网站上以零售价格一半的价钱买到了。这是一次很棒的购物，因为梳妆台完整无损，只是黑色的涂饰相对于我给房间已经设计好的海滨式的格调来说显得太深了。不用着急！只用一点底漆和表面漆就可以让它改头换面。

备件：

■ 储物柜涂漆专用胶带

■ 底漆

■ 小泡沫辊

■ 漆刷

■ 砂纸和电动砂光机

■ 涂料

■ 喷漆（为把手准备的）

1. **准备好储物柜。** 首先，我去掉了储物柜上的金属配件，然后用涂漆专用胶带将抽屉的里面包封起来避免染上底漆和涂料。

2. **上底漆。** 如果你要将极深的颜色转变成极浅的颜色，最好使用底漆。一种好的黏结底漆可以掩盖任何渗出来的深色着色剂，还能使染上的涂料经得起日常使用和小孩造成的磨损。我首先用泡沫辊均匀地上了层底漆，又用漆刷上了一层。我又用了一种叫 Penetrol 的油质底漆做了调整，并将刷痕减到最少。

3. **砂纸打磨。** 给储物柜表面和抽屉面板上了两层底漆增加耐用性之后，我用电动砂光机将它们打磨光滑。

4. **漆上底色。** 我给储物柜上了两道白色油漆，然后让它硬化48 小时。

5. **添加条纹**。为了创造条纹，我用涂漆专用胶带将储物柜所有的边缘仔细地包封起来，然后用一个小画笔在储物柜上画了第一遍石板蓝色的条纹，大概 10 分钟之后又画了一遍。我发现创造完美线条的关键是在油漆未干的时候就将胶带撕下来。

6. **不要忘了细节**。我给梳妆台上现有的把手喷上了艳丽的巧克力棕色，与房间窗子上的怀旧蓝色和棕色的几何图形协调起来。

抽屉上那些轻快、干净的蓝色线条与储物柜上的白色油漆形成生动的对比，四方形的蓝色边饰给一个普通的储物柜添加了孩子气的线条。

做一个麻绳缠绕的床头板

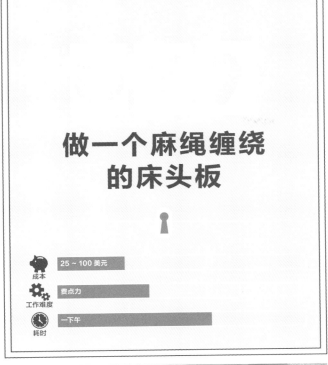

成本
25 ~ 100 美元

工作难度
费点力

耗时
一下午

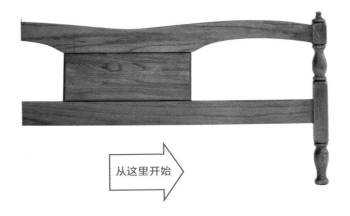

从这里开始

麻绳粗糙的质地搭配柔软、热情的床上用品看起来真是令人惊喜。市场上有很多编织床头板价格都在 200 美元以上，而且坐在床上看书时你总可以在身后垫上靠枕，这样非但不会感到粗糙难受，反而别有趣味。

1. 使用一个你现有的床头板，或者在旧货店、庭院旧货甩卖场、或克雷格列表网站（Craigslist）找一个木质或金属制的旧床头板。我们就是在旧货店花 10 美元买到了一个。

2. 从家装店买来粗麻绳，将麻绳一端绑在或钉在床头板的后面（你可以在左边照片中看到我们床头板后面的钉）。然后将麻绳一圈一圈地、紧密地缠绕在床头板外围，这就创造出一个纯手工编织的样子。

3. 缠绕完成以后，将麻绳另一端再绑在或钉在床头板背面固定好，这样垂直的线条就会保持紧绷。

对于缺少重要家具（比如床头柜）的客房，
这是一个极好的解决方法。

1. 在你房子里找把椅子，或者从庭院旧货甩卖场、
   旧货店、或家装店买一把。

2. 给椅子涂上有趣的颜色，或者如果你特别想的话，
   给它换上新软垫（参见第 257 页和第 73 页关于
   油漆家具和安装软垫的操作指南）。

3. 在椅子上放一堆书或杂志或一个闹钟，这就干完了。

把椅子用作随意的床头柜

这把椅子当时孤零零地站在垃圾车里，所以是免费得的

洗漱

卫生间装修想法

雪莉说

2009 年后半年， 我们在着手改造第一个卫生间的简单工作时，我巴不得抢起大锤让那些讨厌的、裂了的而且有污点的瓷砖知道谁是老大，但是，唉！我当时正在孕育一个小人儿。

因此，所有辛苦的拆迁工作就都落到约翰的身上（甚至包括租一个小型的手提式电钻，将一些非常厚的并用钢丝网加固的灰浆撕裂）。而我只能望眼欲穿地站在被封离的过道里，感同身受。你还记得电影《绝世天劫》中的那一幕吗？玻璃屏上的那只手。那很像我现在的感受，不过我的手是放在那个封离卫生间的塑料罩单上的。

当然，看到卫生间现在如同一块儿空白的画布一样可以从头开始进行创造，我们俩都很得意。但是，看到约翰要做所有的重活儿，我十分羡慕，约翰可能也很羡慕我不用抢大锤吧。

过了很久约翰才出来（特别久，准确地说，大约有 10 个小时之后），他满身都是灰，全身疼得直哼哼。见到他，我赶紧说："嗯，还记得吗？我为咱们的这个小甜心已经有 100 天没碰甜点了！"我很高兴能让约翰知道我为了这个宝宝是多么英勇。

不过我确实帮上了忙，那是在石膏板上所有的灰尘都被擦掉之后，该用无挥发性油漆给新挂的石膏板上漆层的时候。在卫生间里呆了不到 90 秒，我弯腰想把漆刷在地上的漆罐里重新沾一下，然后我那比怀孕前大了一圈的屁股碰到了露在外面的水暖管道（我们还没来得及将它挂在梳妆台上），结果不知怎么的就打开了断流阀，冰冷的水柱从管子里有力地喷了出来，直接冲射到了天花板上。整个儿就像一个消防水管。

我尖叫着跑出房间，约翰英勇地顶着洪水，花了很长时间将阀门敲回关闭位置。然后是毫无准备的大清理阶段，我们一边唱着由"制造混乱先生"（就是我）制作的与船上的厨房相关的歌，一边完成了清理工作。哦，天哪，那些日子！但是我们最终清理干净了，而且在这场游戏中我保全了我的屁股（赶紧收了回来）。虽然我有点更小心了，我是指接近那次我碰到的地方时。最后我们给房间上了底漆和涂料，我还帮助把床头柜变成了梳妆台。

所以结果就是这样，准妈妈本来想要帮忙，但是只弄得满屋子水。

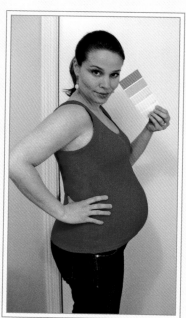

约翰拆开了我们的卫生间。我有了孩子。我觉得我俩都很清楚谁赢了

081

想想除了浴帘以外还有什么

成本　　25 ~ 100 美元

工作难度　费点力

耗时　　一下午

两个普通的窗帘（是为窗户做的，而不是浴室）可以用环夹挂在浴帘杆上，如果有必要，可以镶个边儿，给卫生间创造一个惊人的焦点。淋浴衬垫可以保护帘子不被淋湿，它可以被隐藏在每个帘子后面，让人看不见（就在同一个浴帘杆上，幸亏有这些环夹）。

小贴士

什么都可以用

四面都镶边的床单或织物也可以用来作浴帘。你甚至可以用两个从家装店买来的像画布一样的罩单作浴帘。只需用环夹（通常和窗帘杆配套使用）将任何没有小环或垫圈的东西挂牢即可。你可以将浴帘衬垫挂在同一排环夹上，这样它们就可以整体移动了。

082

从你最喜欢的宝石那里获取灵感

翡翠、绿松石、红宝石、海蓝宝石

将那种颜色带进浴室，再搭配些闪闪发光的配件，比如浴帘、给皂器和存储篮子。这些功能性的日常用品（连同浴巾和迷人的、盛满各种生活必需品的台面容纳盒）真的可以改变一个浴室的气氛。如果你想节省开支，它们每个的成本可能只有几美元。你绝对没有必要一次性更换所有物件。慢慢来，尝试每次升级一个物品（可能每个月只买计划中的一件东西）。到最后，你会在刷牙的时候惊讶于那些小东西怎么能给卫生间增添这么多趣味！

选择你喜欢的篮子

海蓝宝石 和蓝宝石			
琥珀 和红宝石			
翡翠 和黄水晶			

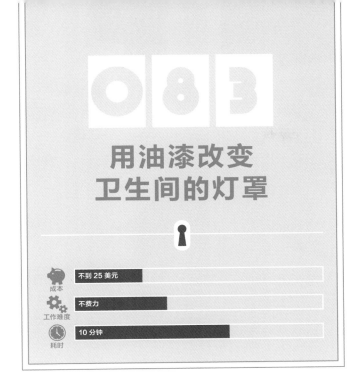

083

用油漆改变
卫生间的灯罩

成本	不到 25 美元
工作难度	不费力
耗时	10 分钟

从这里开始 →

很多卫生间都有带各种类型玻璃罩子的普通金属灯具。其实不用将灯具整个报废，你可以对它做些处理工作（省些钱）——只用通过上一圈时尚的漆色让玻璃灯罩炫起来。这只是用来给普通的灯具添加个性的一种小技巧。其他技巧，请参看艾比拉尔森如何对他的花瓶运用这种技巧（见第 247 页）。

1. 这个技巧适用于任何可卸掉的玻璃灯罩——要确保你的灯罩也属于这种的（通常将里面的灯泡卸掉，或者松掉一些将灯罩固定在基座上的小螺丝）。

2. 买一些你喜欢的颜色的丙烯酸工艺漆。我们用的是 Apple Barrel 的 Limeade，但是一些金属色调的或者更深的颜色（像金黄色或海军蓝）看起来也很棒。

3. 在碗里倒一些漆（不要倒得太多，建议厚度为一个铅笔的厚度即可）。

4. 将灯罩边缘浸入油漆中，只给边缘一圈轻轻地染上颜色。你肯定不想将灯具重新组装好以后灯泡又与刚刚上漆的玻璃罩边缘接触上了。但是灯罩边缘一般与灯泡都离得比较远，所以你不用担心。

5. 给每个灯罩边缘再上一层薄薄的漆。

6. 等灯罩上的油漆完全晾干以后，将它们重新挂在灯泡上。

7. 现在，你就可以沐浴在那个花了不到 3 美元的成本、用了 10 分钟就完成的升级版灯具的光辉中了（说真的，一个丙烯酸灯管儿就那么便宜）！

084

帕尔默家的瓷砖水槽连壁

客座博主的装修想法

博主：
蕾拉和凯文·帕尔默

博客：
写满字母的小屋（www.thelet teredcot tage.net）

地址：
美国阿拉巴马州的普拉特维尔

最喜欢的颜色组合：
蓝色＋白色（但是一小时以后再问时，我们可能又有了不同的答案）！

最喜欢使用的工具：
我们的气动拉钉

最喜欢的装饰方法：
带图案的枕头和富有生气的花朵

我们这项工作的目标是创造一面看起来铺满漂亮瓷砖的墙壁，而不用真正花钱去买一面这样的墙。为了省钱，我们决定只将浴室镜子周围的墙壁铺上瓷砖。我们在当地一家建筑用品商店发现了一种规格为 1 英寸的灰蓝色大理石瓷砖，价格为一平方英尺 4.97 美元，当时我们很兴奋。

备件：

- 铅笔
- 切口塑料泥刀
- 预拌瓷砖胶黏剂
- 瓷砖
- 橡皮手套
- 橡皮镘刀
- 预混灌浆
- 大海绵块儿
- 塑料桶

1. 将要贴瓷砖的区域标记出来。刚开始，我们先握稳镜子，沿镜子边缘将它的形状在墙上描出来。我们以那条铅笔线为标准，只要将那条线周围和里面区域贴上瓷砖，我们的"秘密"就安全了！

2. 涂上胶粘剂。我们用泥刀在墙上铺开一层瓷砖胶粘剂，又在一块儿瓷砖的背面涂了一层。

3. 将瓷砖贴在墙上。将瓷砖按压到位的时候，我们有点担心，怕瓷砖贴得不牢固，因为是在垂直表面上；但是没想到贴得很牢固，因此我们又继续在那条铅笔线的周围和里面的墙壁上贴满瓷砖。

4. 等待。我们等了 24 小时让瓷砖胶黏剂完全晾干。

5. 使用灌浆。我们戴上橡皮手套，用橡皮镘刀在每块儿瓷砖周围的空隙里抹上大量的预混灌浆。

6. **擦掉多余的灌浆**。等了灌浆桶上建议的那么长时间之后，我们用一块儿湿海绵将多余的灌浆擦掉。操作这一步骤的时候，在身边放一桶水很有用，因为我们需要将海绵拧干再重新打湿。这个步骤完成后等上几个小时，所有的东西都晾干了，工作就完成了！

现在，将镜子重新归位，你根本不会知道其实并非整面墙都贴上了瓷砖。没有在墙壁上隐藏的区域贴瓷砖，这个办法为我们节省了大约 80 美元的开支，太好了！

085

添加时尚的卫生间储物装置

你是否在寻找更美观的方式来储放像棉签和牙线之类的东西？扇形盘子或字母马克杯（售价大约在 Anthropologie 或 Sur La Table 这样的地方卖 6 美元一个）放在卫生间的收纳架或梳妆台上，可以创造个性化的迷人的感官效果。以下是一些其他想法，在它们里面放上棉球或指甲油难道不好看吗？

这些可以用来盛放乳液、磨砂盐、或泡沫浴

在这里面可以放几瓶最喜欢的指甲油

这里的每一个抽屉都可以放化妆品、棉球、棉签儿和其他一些最好收集到一起的小东西

棉签儿和棉球明显适合这家伙，但是即使一个小小的香水瓶或牙线的小白色盒子的也是不错的选择

一堆蓬松的浴巾、包装在装饰纸里的漂亮的肥皂块儿，甚至丝瓜络或者海绵都可以住在这里

一个有盖的篮子用来隐藏杂乱的东西或其他没有漂亮包装的东西是再好不过的

086

换掉你卫生间里的水龙头

成本 25～100 美元

工作难度 费点力

耗时 一下午

小贴士
浏览商店

登录像 eBay 或克雷格列表这些网站或者是当地的家居用品廉价店，买一个看起来像全新的一样的水龙头，可以省钱。

换掉水龙头是一个更新整个浴室的快速方法。如果你想要了解更多，在视频网站上有一些详细的视频讲解如何做到这一点，但这里有一个普遍的纲要。

1. 通过拧上关闭阀断掉水槽的水流，关闭阀通常位于梳妆台底部。

2. 拆掉软管和螺丝，把旧水龙头放在柜台下面合适的地方（注意什么连到什么上）。

3. 用同样的方法（指的是拆卸时的提示）安装新水龙头。

4. 将关闭阀打开，接上水流，检查是否有渗漏。

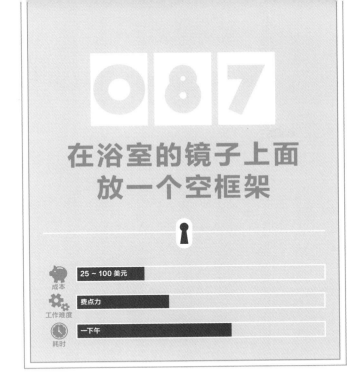

在浴室的镜子上面放一个空框架

成本 25～100 美元

工作难度 费点力

耗时 一下午

挂一两个空的框架可能是一个很棒的方法来界定特定区域并分解一个构造普通的大镜子。

1. 在镜子上放一个(或两个)框架,能帮你界定水槽上方的区域。

2. 将镜框里面的背景图去掉,只留下空框架。

3. 使用像 3M 双面胶带这样的可去除的产品,或者用一种不会损坏镜面的胶粘剂(之后可以去除)将框架直接固定在镜面上。

4. 给镜子里和你对望的那个聪明人使个眼色吧!

这里有一些东西你可以轻松地挂在卫生间里,而不用担心它们会受潮。

- 具有各种颜色和涂饰的一组镜子

- 固定在墙上的花瓶(在右边的照片中 CB2 制作了这样的物品)

- 装饰用碟子(使用从工艺品商店买来的吊架将它们镶嵌上去)

- 木头标记或字母

- 放有漂亮的玻璃杯、碗、蜡烛或香皂的收纳架

给卫生间添加防潮的艺术品

089

做个别致的 马桶水箱

装饰旧的瓷器"宝座"通常是一个禁忌（特别是当它有一个毛茸茸的座套的时候），但是马桶水箱上面的空间绝对是可以升级的。这里是一些改进水箱上部空间的方法。

1. 一个陶瓷盘,盘子里盛放着蜡烛、小花瓶和扇贝球(我们喜欢优质的扇贝球)。

2. 一个长长的、浅浅的篮子，篮子里装有浴巾和用装饰纸包装的漂亮肥皂。

3. 一个斜靠在上面的画框或一个盆栽。

090
将浴帘重新挂在天花板的高度

成本	25 ~ 100 美元
工作难度	费点力
耗时	一下午

将浴帘挂得更高就如在卫生间增设了一个速成剧场，使整个地方看起来更有气场。但是别担心，这个听上去挺难，其实不难。

1. 去掉旧的浴帘杆（如果不是拉杆，就给它留下来的老洞填上填料泥并涂上漆；更多相关细节请参见第 153 页）。

2. 如果你懂技巧，将现有的浴帘杆重新挂在天花板的高度，或找一个漂亮的全新浴室拉杆。（我们有幸在 Home Depot 找到了一些淋雨拉杆）。我们喜欢浴室拉杆，因为它们用不着任何悬挂配件或墙上的洞孔。哦，你也会需要一些浴帘环夹。

3. 寻找一个漂亮的落地织物浴帘，并不总是那么容易能找到标准尺寸的——在网上搜索一下通常很管用（在亚马逊这样的网站上搜索诸如"95 英寸浴帘"或"超长浴帘"这样的物品，或者只是打出关键字看看能弹出什么）。还可以挂一个本来用于窗户的织物窗帘，附带一个衬垫来保持它们的干燥（见第 109 页）。

4. 如果你同时使用一个现成的塑料或织物衬垫（在网上，有时甚至在商店如卫浴寝具批发店，可以找到超长型的），你不必担心你的织物窗帘会被打湿。我们特别喜欢织物衬垫，因为它们可机洗，而且不像有些塑料衬垫那样不透气。86 英寸衬垫通常很管用（不需要 95 英寸像窗帘那么长的，因为它挂在浴缸里面）。

买一些漂亮的手工肥皂、乳液、洗发水、或护发素等，仅仅因其华丽的包装。如果你觉得总是买这种东西很花钱，就用你通常买的价钱实惠的东西将这些高档的瓶子重新装满。除了你之外也许没有人会注意到它，但高档瓶子可以使你给人一种挥金如土的感觉，即使只有你知道自己的秘密。

至少买一次高档的东西

收纳

有关物品整理的想法

约翰说

哦，这章是关于组织整理的内容。也许你正期待一些关于如何制作各种颜色的活页夹、如何按照季节、颜色或"哪些衣服穿起来显瘦"的标准安排你的衣橱的建议。那么告诉你：没有任何这样的建议。为什么？因为我们也不是整理物品的优等生。

并不是说我们不羡慕这种人：谈到归类存储他们生活中的每一件东西，就能运用杜威的十进制系统，因为它能将钱计算到小数点后面好几位。但对于我们（很可能也包括大多数人）来说，将生活总是安排得那么妥善并不是太现实。东西放得一团糟，东西放错地方了，东西放得没有条理。生活中混乱的现象时有发生。

这就是为什么我们更喜欢这样的整理方法：找出对你有用的东西。弄清楚如何最合理地收藏放置你的垃圾——请原谅，应该是宝贵物品——同时运用一点方式是很关键

的。实际上，雪莉和我刚认识时，我们俩有不同的整理方式，现在我们已经将这两种方式很好地结合起来。

我是有点感情用事的收藏者。我喜欢保存能带给我记忆的东西，因为它们能让我想起一个地方、一个时间、或一个人。而雪莉不是一个很容易跟物品发生情感联系的人（她通常会将她喜爱的几件事物放入相框里，或以某种方式纪念它们），但奇怪的是，她依赖纸张。她会做很多笔记，撕下很多杂志页面，而且喜欢在她的钱包塞收据（嗯，也许她只是喜欢购物）。

这种依附物品的冲动是行不通的，因为我们打心眼儿里都情愿做极简主义者，利用我们真正需要的东西简单地的生活。所以我们互相学习。雪莉告诉我，除了将一盒又一盒的纪念品闲置在壁橱里，还有其他方式保存记忆。例如，报纸上的一篇文章里有我的名字，我不需要将整个报纸收纳起来，只剪下那篇文章，将它贴在框架里或一个集子里，而不要藏起来。雪莉的另一个技巧是将物品拍摄下来放在相框里（或相册里），而不是存储立体的实物。我不是提到过她对纸的热爱吗？

另一方面，我帮雪莉减少了对纸的依赖。慢慢地，她将任务清单移到她的手机里（虽然她偶尔回到便签纸），越来越多的收据被她扔掉了，因为现在很容易就能在网上检查购物历史，或用采购信用卡退换货物。

通过减少我们的"收纳物"，我们也寻找有趣的方式来管理，甚至展示，我们想保留的东西。所以请原谅，如果你希望下面的内容会教你如何依字母顺序排列你的袜子、如何用颜色坐标标记你的信用卡账单。我们确实厉害，但还没有那么厉害。

负责给小卖部分配人手而获得的大学运动会的表彰？看看。高中时开的小型货车的牌照？看看吧

雪莉的绰号：
清单收集女王

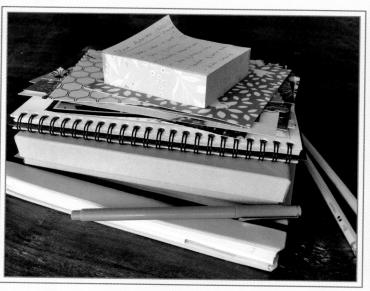

为整个房子的物品制作一个活页夹

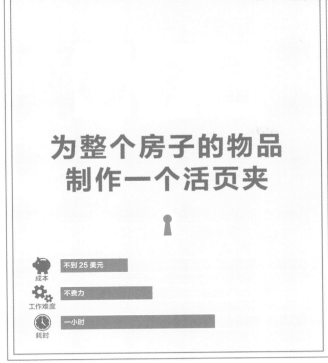

成本　不到25美元

工作难度　不费力

耗时　一小时

创建一个为你的房子保存所有物品的地方，从织物样本和油漆颜色到产品保证书、使用手册和产品指南。甚至杂务工、承包商、服务员的名字和电话号码也应该保存在活页夹里，这样的话当你需要它时，就有一个简单的参考指南。买一个配有很多塑料套管的三环活页夹，再添加分隔卡帮你给某些东西分组归类（例如，在"与装饰相关的"标记的地方，你就可以将织物样品和油漆色板塞进透明的塑料套管里，而"手册和保证书"标记的就是你可以将那些讨厌的纸条插进去的地方）。

这个多用挂钩放在衣橱里挂围巾很不错

这个放在寄存室或儿童房挂外套或背包很棒

挂钩还可以添加色彩或"手工制作"的魅力

093

用挂钩添加实用性和风格

挂钩不仅可以利用，还可以给你的家添加很多个性和风格。甚至一个破烂的狗链或一条旧皮带挂在这些"宝贝"上面都会更好看。

富有个性的乡野式挂钩可以给任何房间添加特色

这个经典挂钩放在浴室、外套壁橱和门厅都很适合

这家伙具有古典美，有种复古的魅力

添加存储用的
软垫凳

我们的房子里有十几个存储用的软垫凳（是的，就是10个），它们不仅能够隐藏杂乱的东西（从收据到打印纸到玩具狗到婴儿玩具），还能在紧要关头提供额外的座位，具有双重功效。你可以在以下这几个地方储备上一些这种凳子。

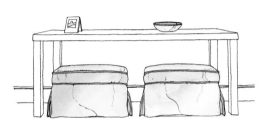

1. 在一张长腿桌案下放上两个来利用下面的空白空间

2. 在床脚处放一个长长的方形软垫凳

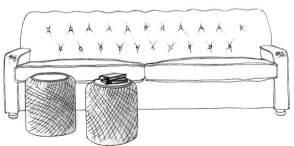

3. 将一张咖啡桌换成两个较小的软垫凳，可以把脚搁在上面，还可以提供额外座位

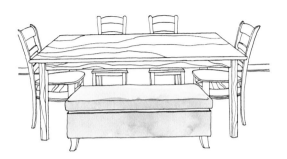

4. 将两把餐椅换成一张软垫凳，孩子们肯定抢着坐

5. 在儿童房或育婴室里放一个软垫凳给你搁脚（如果那儿有摇椅或阅读专用椅），还能用来存放玩具（玩具总是看起来越来越多）

篮子（几乎）能解决一切问题

你已经知道我们喜欢储备软垫凳，如果你加上篮子，我们真的感到兴奋。篮子就是我们在整理东西时的一大乐事。这可能听起来像一个让你看不上眼儿的建议，但有时真相就是这么简单。篮子可以是有盖子的，可以是圆的，可以大、可以小，最重要的是，它们可以隐藏许多东西。所以，好好利用篮子，享受这种能为你带来福气的包纳式的生活吧！

在这样的篮子里存储毛巾或浴巾可以将它们收集到一起（不会翻倒）

这个篮子可以放在育婴室当垃圾桶或食篮

这种篮子可以放在水池下面装洗涤用品。清理房间时，你走到哪儿就把它带到哪儿

可以放在储物柜里存放备用灯泡，也可以放在食品储藏室里存放意大利面，这个"小姑娘"是多功能的

这个可以当作酷酷的杂志或邮件收纳篮，很能装

盖子意味着这个篮子可以隐藏任何东西（包括你所有的保密）

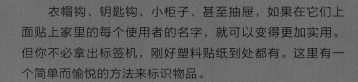

为挂在墙上的
储藏品升级

衣帽钩、钥匙钩、小柜子、甚至抽屉，如果在它们上面贴上家里的每个使用者的名字，就可以变得更加实用。但你不必拿出标签机，刚好塑料贴纸到处都有。这里有一个简单而愉悦的方法来标识物品。

1. 在工艺品店买一些金属的或木制的小字母（这些来自Hobby Lobby），然后将它们漆成任何颜色（或者如果你喜欢，保留它们的原汁原味）。

2. 用强力胶比如 Liquid Nails，将字母粘贴在一块儿从艺术用品店或工艺品店买来的小小的、四方形画布上。可选：可以先将装饰纸粘在画布上——我们用的是手头的一些礼品包装纸。

3. 将画布挂在衣钩或钥匙钩的上方（也可以用一个可去除的钩子比如 3M 公司出的，将画布固定在小柜子或抽屉的前面）。

我们用了不到
一小时就把它
们挂出来了

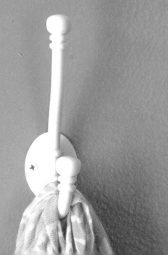

一个衣柜，
4 种用法

仅仅因为你的壁橱里有一个微不足道的挂杆并不意味着你必须保持这种样子。让它派上用场！这里有一些想法。

1. 你可以通过添加一个额外的挂杆从一个典型的衣柜里"挤出"更多的功能

2. 从柜子底部到顶部每隔 15 英寸排列的架子可以作为游戏橱柜或工艺壁橱

3. 一个挂杆两个顶架给柜子底部留下空间可以储放鞋子

4. 柜子里放一个梳妆台，上面有置物架，很适合储存东西

征服鞋堆

尝试将你的鞋放进鞋盒或鞋柜，而不是在门口丑陋地**堆成一大堆**。或者在门口放一个大篮子、一个大桶、一个存储软垫凳、一个玩具箱、一个低架装置、或一个梳妆台（每个抽屉都能放鞋）。这些简单的方法能使房间有很大改观。另外，不锈钢的塑胶托盘甚至可以在收纳东西的同时使它们一览无余，因此将鞋子放在上面不会显得杂乱，更加整齐。

驯服你的邮件

成堆的邮件可以放在一个简单的篮子或盒子中（一个装要销毁的邮件，另一个装需要回复的邮件）。如果已经回复了标记为"必须回复"的盒子里的邮件，就将它们归档（如果你想对支付账单或医疗文书这类东西做个记录的话）或者转移到要销毁的那一堆，每周处理上一两次。你也可能希望身边有一个日历、备忘簿或公告板来提醒你注意或记录重要事件（这样邀请函就不会被忘在其他邮件堆里，而且在你答复邀请之后，可以将它记录或别在公告板上）。处理简单邮件的关键是利用一个简单、易于操作的系统，这样就不会因为太难而坚持不了。

解决办法的总成本：25 美元

一个布告板，用来存放邀请函和其他看起来有意思的邮件：10 美元

将待销毁邮件与待回复邮件分开放置的两个篮子或盒子：15 美元

将你收藏的 CD 或 DVD 放在显眼的位置来炫耀你有很多，**这样的年代已经过去了**。如今，你能找到很多方法来储藏它们，比如隐蔽的篮子、箱子，甚至整个橱柜。而且这些装置也都很有吸引力。你甚至可以用数字化的方法将歌曲保存到你的电脑上，如果你敢的话（这种办法不花一分钱，也不占用你屋里的一英寸地方）。或者你可以将所有的 DVD 插入一个带透明套管的活页夹里，再将它塞进壁橱或偷偷放在架子上。

隐藏那些 CD 或 VCD

壁橱也是房间。哦，不是真房间；它们更像是装满日常用品的小房间。所以为什么不在那扇关闭的门后面做一些有趣的事或者创造一个令人愉快的角落呢？

- 将壁橱里面漆成大胆的颜色。

- 用装饰性的篮子收纳东西。

- 在里面挂上些养眼的钩子或架子。

- 用装饰纸或礼品包装纸把便宜的纸箱或杂志存放架包起来，用于储藏东西。

- 如果壁橱很大（比如，一个步入式衣柜），在里面挂一些艺术品或照片。

- 如果柜子里有顶灯，将它打开创造一种更令人兴奋的效果，就像一个小吊坠或枝形吊灯。

趁机利用你的壁橱

丢掉那些不搭配的衣架

用匹配的木制衣架**换掉那些不协调**的铁丝衣架和塑料衣架，这样能创造一种流线型的、精品店式的效果。很多杂志和书籍都推荐这种做法，因为它很管用，这真是个好主意，我们何不"多此一举"呢？我们买了很多木制衣架，令人惊讶的是，所有的衣服比用杂乱的塑料和铁丝衣架挂上好看多了。木制衣架还可以将衣服撑开保持平展，因此这也是一个功能升级。你知道吗？我们很喜欢那种东西。

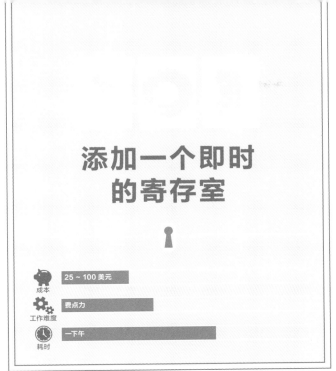

添加一个即时
的寄存室

成本　　25～100 美元

工作难度　　费点力

耗时　　一下午

可以在任何房间的角落里添加一个寄存室，比如一个私室、一个宽阔的走廊，或在后门或侧门附近的一个洗衣间。大型的寄存室装置可能花费数百美元，甚至上千美元，但是你可以以同样的形式、较低的成本创造类似的功能。下面是如何创建一个低成本的寄存室。

1. 用一个鞋柜、架甚至一个凳子或软垫凳来存放鞋袜。

2. 创建一个挂外套、钱包和围巾的地方，比如在鞋架或凳子、软垫凳的上方挂一排墙钩。

3. 在挂钩上添加一些可选择的、额外的东西，比如一个塑胶托盘或一个墙架，搁上篮子放帽子和围巾（你甚至可以在这些篮子或挂钩上用每位家庭成员的名字或照片做上标记）。

对付杂乱的书架

你是否需要一些书架美化措施？这里有些想法。

- 在书架上添加一些篮子或涂漆的盒子来归类那些书，创造一种更平衡的、装饰性的效果。

- 添加一些漂亮物件（如几个羽毛状的蕨类植物盆栽、玻璃花瓶、或其他配件）显得有生气，不单调。

- 你可以用白色或褐色的工艺纸（甚至是夏布壁纸或漂亮的礼品包装纸）将书包起来，创造精巧的外观。然后用褐色墨水在书脊上添加书名和作者，或者打印出标签贴在书脊上。

第一步
首先，将书分组垂直放在书架上，添加一些其他的垂直放置的物品。将它们互相交错放置增加平衡感

第二步
添加水平的物品，如几对叠加起来的书和一些用来放杂物的储物盒

第三步
用一些配件添加个性，比如一个相框、一些装饰品，甚至是贴在后面的照片

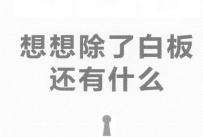

想想除了白板
还有什么

成本　不到 25 美元

工作难度　不费力

耗时　一两个小时

给一个打印出来的日历装上框子，用白板笔或油脂铅笔在上面写东西。有点像一个升级了的白板。

1. 找到一个月历（用记号笔和装饰纸手工制作一个、在网上找一个免费的打印出来、从 Etsy 这样的网站上定购一个，或者像我们一样用 Photoshop 软件制作一个）。

2. 将月历放入一个框架里（白色的、木制的、金属的、漆过的、简易的、带装饰的——你喜欢的都行）！

3. 用白板笔或油脂铅笔在玻璃上记下注意事项和日期（你甚至可以使用一个人一个颜色的办法来分清与他们预约的时间）。到了每个月月末，就把所有东西擦掉重新开始。

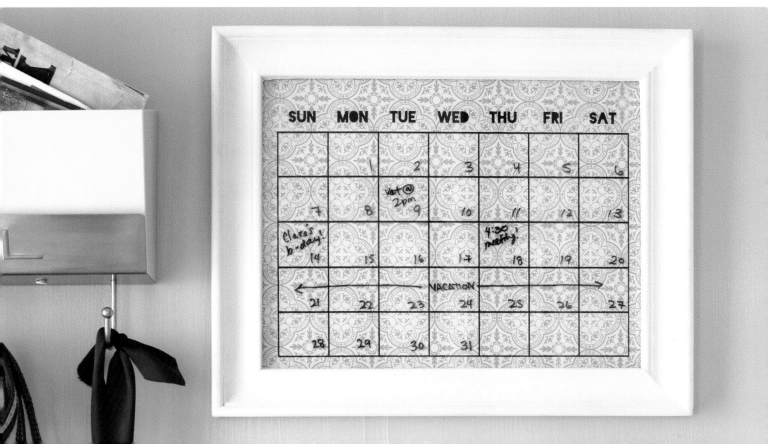

106

一边干一边清理

谁喜欢清洗、整顿、分类东西呀？ 反正不是我们。但是我们却很喜欢一边干一边做这些琐事，而不是把事情都堆到最后，又花上整个周末的时间来处理。所以，我们一有空（比如，我们在等水烧开或电脑解冻的间隙）就尽力做上一两件这种能很快完成的事情。如果这些小事做得足够频繁，整个房子会显得相当干净，不用花大块儿的时间去清理。

- 将厨房水槽里的餐具全部拿出来，要么把它们洗干净收拾起来，要么把它们放在洗碗机里。
- 用一个手持真空吸尘器沿着护脚板、桌子下面和其他大型家具清理积尘，因为它们会向你的客人泄露你好久没有打扫房子的秘密。
- 每周都用马桶刷清理马桶（这样你就不用每个月都用手和膝盖擦洗马桶）。

想知道什么是你应该保留的，什么是你应该抛弃的吗？只留下你需要的、你喜爱的或经常使用的。如果你对某个东西不感兴趣或不太使用，那就尽快将那个"抽油器"捐出去（指的是任何东西从衣服到装饰品）。你应该这样想：空间是一个拿来浪费的珍贵的东西。你肯定不想在房子里放满那些不能直接为你增加快乐的东西。那么如果你为了一个东西付出很多又会怎么样呢？你放弃宝贵的空间来储存它的每一天，都在为它付出代价（否则，那些你更需要或更喜欢的东西就会合适地摆在那儿了）。

107

清楚什么时候保留它们，什么时候该扔掉它们

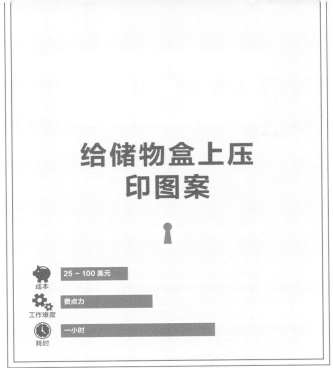

给储物盒上压印图案

25 ~ 100 美元
成本

费点力
工作难度

一小时
耗时

是否有**一堆**并无太多新意的储物盒？那就用你的方式给它压印出一个升级版的外观吧。你甚至可以用同样的方法压印曼尼拉文件夹。

1. 在宜家、OfficeMax，或当地的办公用品店里买一些简单的纸板文件盒。

2. 用从工艺品商店买来的橡皮图章和颜色鲜明的墨水给文件盒添加趣味。例如，在白色盒子上印上黑色的鸢尾花图案会显得很精巧，而古老的金黄色四瓣花或蜂窝形状可以添加柔软、分层的风格。

制作一个用来存放有待处理物件的碗

这个碗基本上可以让你把需要处理的一切物件丢进去（你必须填写的表格、你要保存的收据、一张备忘卡提醒你安排时间看牙医等）。如果你使用一个巨大的彩色的碗，将它放在桌子上或柜台上都不会难看，而且它能把所有东西放在一起（相对于在房子里到处乱放东西，导致丢失或忘掉）。挑一个颜色鲜明的碗，这样在分类整理物品期间看起来比较有趣（是的，你最后确实得处理碗里堆放的物件）。

我们用了一点红色喷漆将这个宜家的银色碗打扮得喜庆了一些

把东西从要处理的那一堆中真正去除

有时在你将要把除掉的东西分出来以后，你就卡住了，因为你不知道它们应该去哪里。我们这是经验之谈。但是要将那些占地方的东西从你的生活中拿走，你需要做的就是尝试一些清除的方法。这里有一些简单方法（对你来说不费多少力气）。

■ 在 Craigslist 和 Freecycle 这样的网站创建一个清单，将你不想要的所有东西列在上面。你会惊讶的发现如果你标明是免费的，这些东西走的有多快。

■ 很多非赢利性的二手店比如 the Habitat for Humanity ReStore 都乐意来帮你，用卡车将你免费捐给他们的东西装走（我们就用这种办法处理了很多旧电扇和双面门，那甚至是可以减税的）。

■ 你也可以试试在克雷格列表网站或电话簿上找找垃圾运输公司。

■ 一些家装店提供袋中垃圾罐的奇妙装置用来回收、挑拣垃圾（比传统的垃圾罐装的少些）。

安娜的乡土气息的架子

客座博主的家装想法

博主：
安娜·怀特

博客：
安娜·怀特：家庭主妇（ANA-WHITE.COM）

地址：
美国阿拉斯加州

最喜欢使用的工具：
复合式铝材切割机——如果可以我都想用它来切牛排！

最喜欢的 DIY 伙伴：
我可爱的女儿格雷西

屋子里最喜欢的房间：
车库！那里总有一项正在进行的工作。

我们新家里的**空空的、灰白色的墙**上需要有一些带乡土气息的东西来装饰。由于没有足够的空间再放家具，我就决定用再生木头和便宜的角铁制作一些墙架。

备件：

- 2 英尺长的木板（废木材或再生木头最好）
- 4 个两面都带螺丝的 L 形角铁
- 电钻
- 螺丝钉或石膏板锚定装置
- 水平尺

1. **回收利用木材。** 坏了的运输托盘是我最喜欢的再生木料，因为它们都有来历而且有特色。但是使用这种托盘时要小心：有些是用刺激性的化学成分处理过的（我用的托盘来自一个有机生产运输公司）。我用两把锤子来再生木板。将一把锤子的羊角端用另一把锤子砸入木板上的钉节点以下，这样将木板撬松。如果你不选择再生的托盘木板，可以将新的松木板放在阳光下暴晒至发白，然后用锤子把它破坏掉，这样会有相似的效果。或者可以试试将刷过用的钢丝绒在醋里浸泡几天，然后将这种发臭的但很有效的调和物刷到新木版上，使它们的颜色看起来古老陈旧。

2. **买一些角铁。** 准备好木板之后，去买一些 L 形角铁，至少要有木板 2/3 的宽度。例如，如果你的木板宽 6 英寸，就买 4 英寸宽的角铁。12 英寸宽的木板，就买 8 英寸宽的角铁。角铁很便宜，你可以用喷漆将它们染成黑色或古铜色——只是要保证将上面的螺丝也漆成配套的颜色。

3. **将角铁用螺丝固定在木板上。** 每隔 24 英寸分配一个角铁（用水平尺测量一个角铁螺丝孔到另一个之间的距离）。这样做的话，如果墙上中心部分刚好有间隔 24 英寸的壁骨，就可以将架子直接固定在壁骨上。

4. **安装架子。** 在墙上钻出一些螺丝孔，如果可能的话直接钻在壁骨上。将架子在墙上安放合适，然后用螺丝固定，期间要用水平尺保证架子是水平的。如果你找不到壁骨，就用石膏板锚定装置将架子挂起来（比如，重型铆钉或螺钉），通过角铁螺丝孔将架子用螺钉固定在墙上。

看到这些再生木头架子现在出落得样子，我很吃惊。它们既美观又实用，给本来平淡乏味的墙壁添加了生趣。

整理你那杂乱的文件

这里有三种简单而有效的方法来整理账单、发票、收据和其他杂乱的单据。

1. **文件夹**。首先，在家里准备一个文件柜，太像办公室和公司的感觉了。但是，你可以通过挑选一个不是特别企业风格的橱柜使得这个超级有效的方法更有家的感觉（丰富的木头颜色甚至是干净的白色看起来都很不错），或者也可以选择档案盒。像 Target 和宜家这些地方也出售装饰用的档案盒，看起来不乏味也没有小隔间。

2. **活页夹**。装饰用的有印花或图案的活页夹放在书架上很美观，或者也可以塞进抽屉或橱柜。它们是理想的选择，供你浏览你所有的家当（如果要保存撕下来的给我们灵感的杂志页面或者整理设备的实用手册，用这个方法令我们很满意）。

3. **手风琴式文件夹**。这种文件夹结合了吊挂式文件夹简单快捷的优点和活页夹的可携性优点。另外，如果是你手头正需要的文件，这种文件夹还可以随手放进存储式软垫凳、抽屉、壁橱，或者甚至是汽车后备箱。

协调颜色

一个简单的、用来标记你的家庭成员的私人物品的方法就是给他们分配不同的颜色。例如，灰色箱子、篮子和其他容器可以用来存放你儿子和你丈夫的东西，黄色的可以用来存放你的和你女儿的东西。如果你不想买一堆颜色不同的箱子，可以在现有的储存容器上贴上带有每个人颜色的贴片。

一个深深的帆布手提包能用来存放任何东西，可以是一大堆杂志，也可以是沙发旁的毛毯或玩具

一个颜色鲜艳的漆盒是我们最喜欢的东西之一（我们是边缘人，能说些什么呢）。盒子用来装化妆品或缝纫用品是极好的

当然，这个东西用来储存杂志是很棒的，但是令人惊讶的是，它也能用来收纳那些在桌子上胡乱摆放的马尼拉文件夹。真的，它们就像一个小型的桌面文件柜

用时尚的方法储存物品

想要更多的分类储存物品的方法吗？

为什么不呢？

高玻璃量筒花瓶本身是用来装大的、左右摇摆的树枝，但是我们喜欢给它派上别的用场……厕纸。是的，将几卷厕纸叠放在陶瓷底座旁边的玻璃量筒花瓶里，看起来十分优雅。在买这种花瓶之前，我们甚至将一卷厕纸偷偷拿进商店看看是否合适

小贴士
用盒子装起来

一个有盖的小盒子用来放遥控器可能很有用。当你有一个固定的地方存放这些小东西时，你会感到很文明。因此，如果你总是感觉房子很乱、根本不适合接待客人，那么添加像有盖儿的盒子这样的东西可能是解决问题的关键，因为在有人按门铃之前的瞬间就知道把东西藏在哪里，你就已经成功一半了。

尝试用纯自然的方法解决问题

这里提出几个可以用你厨房里很可能已经有的物品解决家居问题。为能用你现有的东西而解决问题欢呼三声吧（也为核桃，因为它很香）。

问题	解决方法
蚂蚁	肉桂 + 香叶。使用其中一种或两种，将这些自然的威慑力量放在柜台、壁橱、桌子或其他任何你看到有蚂蚁爬行的地方。
木地板或家具上的划痕	一个核桃。用一个核桃在有划痕的木头上来回摩擦给划痕"上油"，这样划痕就不太明显。
讨厌的喷头堵塞	白醋。将喷头卸下来在白醋里浸泡一晚上，或者不用卸掉，在塑料袋中装满白醋，将其绑在喷头上，使喷头浸泡在醋里。
水漏堵塞	小苏打 + 醋 + 沸水 + 水槽活塞 先将一杯白醋倒入堵塞的下水道，再倒入半杯小苏打水，然后让它冒 5 分钟气泡直到落实。再将一加仑沸水倒入下水道把堵塞物冲出来。如果沸水不管用，就将下截门卸下来（同时用抹布阻塞任何会发生溢流的开口）以分解堵塞物。
地毯凹陷	冰块儿 + 叉子。将一个冰块儿放在羊毛或棉质地毯的凹陷处（不用管它，去找别的事做等上几小时），然后回来，等冰块儿融化了，用叉子将凹陷处轻轻地翻松直到看不见为止。像羊毛和棉花这样的天然纤维见点儿水也没关系，所以一个融化的冰块儿应该不会坏事儿。

流线型地排列照片

最简单的整理照片的方法就是准备一些完全一样的相册（你通常可以在 Michael 或 Marshall 这些商店找到促销的相册）。首先，将你所有的照片从现在的杂乱的相册或鞋盒里取出来，将它们按照外观或时间顺序排列起来。你可以选择 A 类型（大概猜测一下从最老的照片到最新的排列，这种方法很有效）。这项工作断断续续可能需要一个下午或好几天的时间，所以将照片先放在一个不经常使用的餐桌上或客床上应该是聪明的想法。将照片排列好之后，按照从最老的到最新的顺序把它们插入你的新相册中，然后在相册的脊梁上用胶水贴上或直接写上小小的数字，给相册排序（我们用贴纸）。提示：完成这件工作将会比你想象的更神奇。

小贴士
制作一个家庭年鉴

想要收藏很多照片又不会占用很多地方，还有一个方法就是从 Shutterfly 或 MyPublisher 公司网站上订购照片集。用这种方法购买会享受很多折扣，而且一个 100 张的集子可以轻松地容纳一年的照片，加到一块儿只有大约 1 英寸的厚度，因此 10 年的照片可以组成 10 英寸厚的照片集子叠放在桌子上、书架上，或壁橱架上。这就是很多照片只占用一点儿地方的效果（哇！比普通相册省地儿多了，因为普通相册中的照片和活页夹环会增加厚度）。

挂饰

艺术创意

约翰说

我不认为前几年我们家里有什么"真正的"艺术品。那不是我们引以为傲的事（我特别爱好艺术，雪莉实际上在纽约上过艺术学校，在那儿她取得了学士学位），事情就是这样的。我们当时只是 23 岁的孩子，没有太多额外的收入来填充我们的画廊，而且像 Etsy 这样的公司我们当时甚至从未听过。所以，我们就选择了这条路线：在买得起真正的艺术品之前，制作我们自己的油画和版画。这是一个很好的习惯，因为尽管现在我们有了从 Etsy 供应商或当地的艺术家那儿买到的、自己喜欢的极好的油画和版画，我们仍然对这些装上画框的自己制作的东西情有独钟。比如说，就像小盒上的那些旧钥匙。

你现在知道我们是感性的人了吧（是的，在最后一章我承认了这一点），因此，记得早在 2006 年，雪莉就将那些对我们意义重大的钥匙都保留了一份（一把是我在纽约的公寓的，一把是她那个时候的，一把是我们在里士满合住的公寓的。还有一把是我们第一个家的）并将它们放在一个小小的投影盒里，每把钥匙下面都有一个小小的手写标签，从那以后，它就成为我们最喜欢的东西之一。就好比说，火灾中我们首先要保护的五件东西，它就位列其中。它能使我们想起曾经呆过哪里、走了多远的路，就像是生怕不知不觉地溜走而存封起来的记忆一样。

我们知道每个人都有他自己的艺术品味，所以如果你发现同时给 10 个人 5 件艺术品，让他们按照从最喜欢的到最不喜欢的标准排序，他们的答案是一样的，那你就该大吃一惊了。但是那就是艺术的魅力所在。知道吗？它能让房子感觉上去就像是你的，而不是普通的没有个性的家。你搬进新家后会出现一个很好的转折点，那就是你突然感觉更有安全感、更自在了，这个时间就是当你开始在光秃秃的、有回声的墙上挂东西的时候。

所以，我们的建议是将钱省下来去买"真正的"艺术品，但是绝对不要吝啬于自己制作一些墙上的装饰物。当你敲入最后一枚钉子，将自己制作的画框挂在墙上，然后倒退几步来欣赏你最新的杰作的时候，你会有一种满足感。至少要尽你所能吧！见鬼，你甚至可以戴着贝雷帽，穿着沾满油漆的工作装，或者炫耀着电影里那些"艺术家"特有的那些老套东西，如果这对于你进入角色有帮助的话。尽一切努力。

这些是我们在纽约公寓住时的钥匙。我想知道它们现在还有吗？

确实，我们可能对白色边框和自制的艺术品上瘾了

经典的网格状布局总是很
管用，在每个框架之间留
上 2 ~ 3 英寸的空间会使
它们看起来不是太怪异

从有点缺陷的、不对称的到平衡的、网格状的布局，对于如何安排墙上的框架没有什么限制条件。可以先用纸袋或包装纸做一个框架那么大的模板用胶带贴在墙上，再到处移动，这样能帮你在拿起锤子（把墙面砸得千疮百孔）之前确定最终的布置方案。

掌握一些框架
安排的方法

这个排列是垂直对称但
不是水平对称的，所以
看上去既平衡又有个性

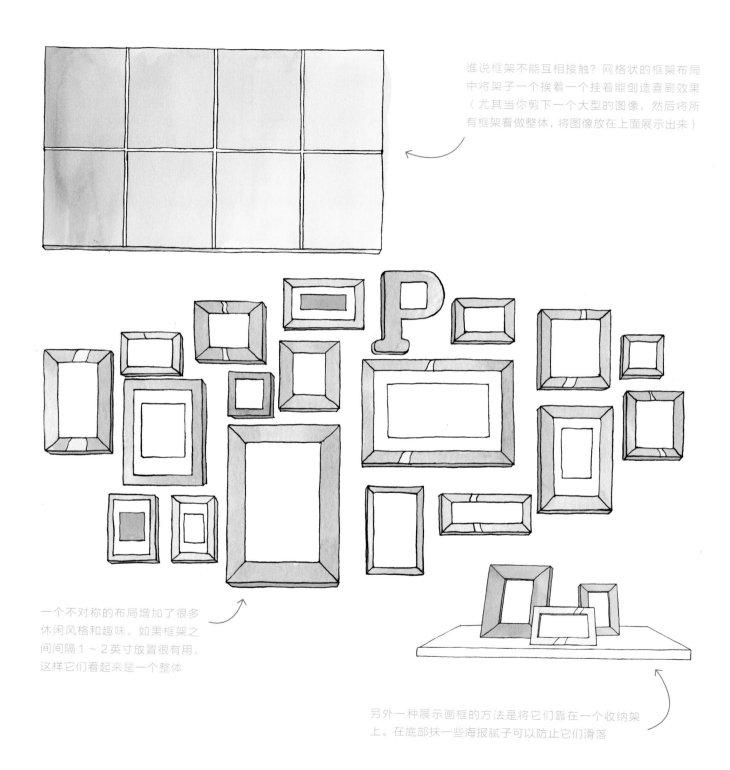

谁说框架不能互相接触？网格状的框架布局中将架子一个挨着一个挂着能创造喜剧效果（尤其当你剪下一个大型的图像，然后将所有框架看做整体，将图像放在上面展示出来）

一个不对称的布局增加了很多休闲风格和趣味。如果框架之间间隔1～2英寸放置很有用，这样它们看起来是一个整体

另外一种展示画框的方法是将它们靠在一个收纳架上。在底部抹一些海报腻子可以防止它们滑落

我们做这个
花了 4 美元

在卡纸上缝
一个图案

成本 不到 25 美元

工作难度 不费力

耗时 一小时

在卡纸上缝图案是任何人都能做的，并且是一个有趣的、富于纹理的事情。实际上它不太难（我们忍住没说"太简单了"，可以给我们加分吗）。

1. 选择你最喜欢的形状、图案或者单词（你可以用很酷的字体在电脑上将单词拼写出来）。

2. 在工艺品商店买一个大号的、锋利的织补针和绣花线，总共花几美元（这是小孩用来制作友谊手镯用的便宜线）。

3. 选择你喜欢颜色的重型卡纸，将图案或单词的轮廓描在卡纸背面给你做引导（记住将图案或单词颠倒过来，这样从卡纸前面看就是正确的）。

4. 从卡纸背面用针线绣出图案。这样做前面看起来就会有很好的效果（针线的结打在后面）。

5. 先不用线，只用针按照图案的轮廓在卡纸上扎出针孔，然后用线将点连在一起就可以了。

6. 将这件东西装进框架（给任何愿意倾听的人炫耀说那是你自己缝制的作品）！

给二手帆布画
添加银箔

🐷 **成本** 不到 25 美元

⚙️ **工作难度** 费点力

🕐 **耗时** 一小时

从这里开始

给一个从二手店或小卖场买来的廉价帆布画**添加银箔**，甚或是粗糙的、运用不到位的金属银漆，这样做可以将那个宝贝转变成一个耀眼的金属奇观，而且它百搭（几乎可以放在任何房间）。你每当看到那表层下面的奇怪的静物或肖像，你总是会笑出声来。

制作油漆芯片
的艺术品

我们从其他几个项目中积累了一批剩余的油漆色板，我们就想不妨回收它们做出一些东西给墙壁添加趣味和色彩。

1. 将颜色渐次排列的油漆芯片（一排有好几种油漆颜色）裁剪成细长条。

2. 将它们按照锯齿形状排成几行。

3. 用便宜的工艺胶水将它们在一张卡纸（或你喜欢的颜色的较厚的装饰纸）上粘贴到位。

4. 给这件漂亮的油漆芯片艺术品装上边框。

注意:
不要偷偷摸摸地将 100 个油漆色板藏进你的口袋里！如果人们要将它们囤积起来用于一些零碎的工作项目，油漆芯片就不是免费的了！所以，我们建议重新利用你现有的芯片或者去买一个油漆甲板来增加你的收藏（它们不太贵，而且在你以后的粉刷工作中绝对能派上用场）。

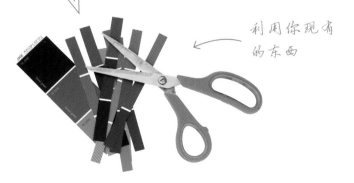

利用你现有的东西

再见了！水果！

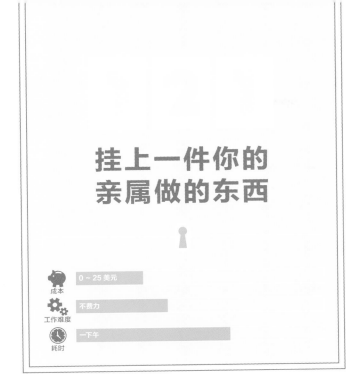

挂上一件你的
亲属做的东西

🐷 成本	0～25 美元
⚙️ 工作难度	不费力
🕐 耗时	一下午

应该有一件本该展示出来，却被塞进盒子里的家人送的纪念品！于是我央求爸爸将他在我出生的 10 年之前画的一张猫头鹰的图画寄给我，约翰请我们的侄子和侄女每人为我们画了一小幅画，这样的话，每次经过他们的杰作，我们都会想起他们。

给你的墙壁增加一些像这样的私人物品能很快地将一个房子变成一个家。你甚至可以向你的祖母要一些你妈妈小时候画的东西，或者请你的姐姐或妹妹手写一句话然后将它放大并裱上框挂起来。

如何给钉孔中填泥料

不要担心犯错误。这些钉孔很容易修复。只用油灰刀钉孔口轻拍一些泥料，然后将刀子在钉孔上来回拖拽把泥料填进洞孔，按照泥料包装的说明等它干燥，然后用 150 目的砂纸块打磨那个地方，直到与其余墙面齐平。如果经过一遍工序填上的泥料与墙面没有齐平就重复这个工序，再填些泥料，等待，然后再打磨。现在没理由再害怕在墙上挂东西了（你也可以尝试用 Ook 或 3M 挂钩这样的产品在墙上挂物品，因为使用它们就基本不需要在墙上钻钉孔了）。

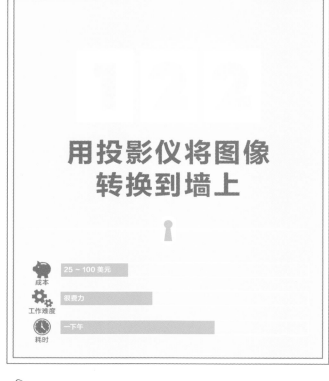

用投影仪将图像
转换到墙上

成本 25 ～ 100 美元

工作难度 很费力

耗时 一下午

大规模的图像放在入口通道、门厅，或一个小盥洗室里效果特别好。如果你没办法得到一台悬在头顶的投影仪，可以从当地的学校或图书馆租借一个。然后将你喜欢的任何图像描画或打印在透明纸上（办公用品店能买到），再用投影仪将图像映射到有你想要的格调的墙上。这个地方就会变得很浪漫，而且此处的光线也会变暗。用铅笔将投射出来的图案轮廓轻轻描画在墙上，最后用乳胶漆将轮廓里面的部分填成你喜欢的颜色和饰面。

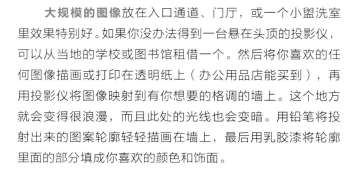

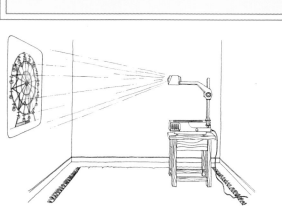

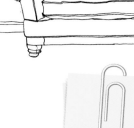

小贴士
向墙壁之外的
表面投影

如果将图案投影到诸如，直升电梯、一个大书桌或箱子的表面、木质或金属床头板上、一大块儿布上，甚至一个书架的后背墙上，再漆上颜色，看起来也会很神奇。请参考第79页、第80页和第163页、第164页的几个例子。

制作简单的
图片壁架

成本 不到 25 美元

工作难度 费点力

耗时 一天

自己动手制作架子可能听起来令人生畏，但材料是廉价的，仅仅几步就可完成。简而言之，你完全可以做到。然后你可以告诉大家你的手有多巧（最好是详细地用很多手势说明）。

1. 在家装店挑选一块儿 1 英寸 ×3 英寸的木板和一块儿 1 英寸 ×2 英寸的木板，然后将它们削减成你理想中的壁架的长度（也可以在店里免费裁剪。）

2. 给准备好的木板上漆或染色（我们喜欢干净的白色架子或有乡村风格的、上了染料的架子），等待油漆或染料晾干。

3. 使用螺栓仪在你要挂壁架的区域，定位墙上的每个螺栓，然后用铅笔或涂漆、胶带把每个位置标记出来。

4. 拿起将 1 英寸 ×2 英寸的木板紧靠着那些标记下面放好（2 英寸那一部分要贴着墙，木板上靠放一个水平尺来保证木板不会放斜）。用电钻将 2 英寸的沉头螺钉穿过 1 英寸 ×2 英寸的木板拧入墙上的螺栓中将木板固定起来（先

用小一点的螺钉钻一个导向孔可以防止在正式钻孔时木板破裂）。沿着刚才在墙上做过的标记逐一重复以上操作。

5. 将 1 英寸 ×3 英寸的木板放在刚刚用较小的木板做好的支架上。你要将 1 英寸那一部分贴着墙放（这样木板就会伸出来成为一个 3 英寸宽的表面，可以用来放置艺术品或祈祷用的蜡烛等等）。

6. 用电钻穿过 1 英寸 ×3 英寸的木板，将 1½ 英寸的沉头木用螺钉钻入下面的 1 英寸 ×2 英寸的木板中将它们牢牢固定在一起（操作过程中一定要将 1 英寸 ×3 英寸的木板向后推挤，这样看起来整齐美观）。

7. 如果你的架子是白色的，就将螺钉也漆成白色，这样看起来一致。如果你将架子染成了其他颜色，那么看见一两个螺钉会显得更酷、更有工业化特点（而且架子上放的物品也会遮挡很多螺钉的）；或者你可以用木灰腻子和染料隐藏它们。

将值得纪念的地方
制作成艺术品

为什么不用一些好玩的自制的地图艺术给你的家乡打个招呼（或者纪念你上大学或度蜜月的地方）呢？只用在网上找到那个地方的地形图，然后将它打印出来，将它剪出来成为一个模板，这样就能在装饰纸或有图案的纸上按照木板描出那个地形。最后将图形用胶带或胶水粘在另外一张有不同图案或对比颜色的纸上，或者将它放在像粗麻布或亚麻布这样纹理丰富的织物上。

我们制作这个架子花了不到 6 美元

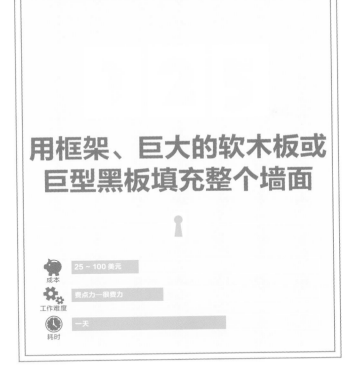

用框架、巨大的软木板或巨型黑板填充整个墙面

成本
25 ~ 100 美元

工作难度
费点力—很费力

耗时
一天

填充墙面，甚至整个房间是一项需要互动的且不断变化的工作。

用框架填充墙面

1. 裁剪棕色的纸袋或包装纸制作成纸质模板，这样可以帮助你在墙上确定好你要挂的框架的位置。

2. 用钉子将每一个框架挂起来（如果框子较轻，用 3M 挂钩或 Ook 挂钩也管用）。用铆钉或螺钉悬挂较重的框架。

3. 任何东西都可以裱上框挂起来，从你最喜欢的贺卡和家人的照片到有意义的便条、明信片、版画、纪念品和其他东西。

制作一个巨大的软木板墙

1. 在 Target 或当地的工艺品商店找一块儿自粘性的方形软木板。

2. 买来强力胶粘剂或者可去除的 3M 产品比如此公司生产的挂图片用的魔术贴，将方形软木板固定在墙上合适的位置

（方形软木板附带的轻型魔术贴或自粘性标签可能会从墙上掉落，所以 3M 的挂图片用魔术贴用得更长久些，而且之后也是可以去除的）。

3. 每次贴上一个软木方块儿，将它们一个挨着一个对接起来，不留缝隙（这样当你后退几步看时，就好像是一面软木墙）。

4. 你可以根据要放置软木板的地方，用锋利的美工刀和金属尺对软木方块进行裁剪。

5. 等胶粘剂（或 3M 魔术贴）凝固以后，你就可以疯狂地在木板上别东西了。

制作一面巨型黑板墙

1. 在五金店买一罐黑板漆。可选择：买来磁漆，先在墙上涂一层就能创造一个磁化黑板。

2. 在墙上测量出你要覆盖的面积，然后涂上黑板漆（遵守漆罐上的使用说明）。

3. 等漆晾干，就能写粉笔字了。

给框架添加一道
令人惊喜的颜色

　　将框架的外边缘漆成鲜明的颜色是梦寐以求的东西，至少对于像我们这样的人来说。只用去掉框里的玻璃、艺术品和背景，只留下空空的框架，然后用砂纸将框架的外缘磨糙，用涂漆和胶带将框子的前面胶封起来，再用漆刷给外缘涂上两层薄薄的、均匀的乳胶漆（我们用的是 Benjamin Moore 的 Berry Fizz）。等漆干了之后，将所有东西重新归位，对着它傻笑一会儿（这很正常），然后把它挂起来。

用包装纸做一件 3D 艺术品

成本	0～25 美元
工作难度	费点力
耗时	一下午

这里有一个狡猾的方法，用你收藏的礼物包装纸和剩余的油漆制作一件看似昂贵的、出于画家之手的、富于纹理的油画作品。

1. 用一把小泡沫刷在画布上涂上一层厚厚的普通工艺胶水，然后把撕成碎片的白色包装纸揉成有趣的纸团，粘在画布上。包装纸不能是平扑上去的，但也不能团得太厉害，否则看起来会很夸张。

2. 等胶水晾干，在上面涂上一两层便宜的工艺漆甚至是你现有的剩余刷墙漆（我们用的是 Benjamin Moore 的 Bunker Hill Green）。白色看起来总是那么经典，深色如海军蓝和巧克力色深沉而高雅，当然再柔和一点的色调和鲜明的亮色看起来也很棒。

3. 等漆晾干以后将它挂起来。人们永远都猜不到这件艺术品只花了不到 5 美元的成本，而且那纹理丰富的单色效果是非常受欢迎的（可以把它挂在任何地方）。

给 3D 艺术品装上空框架

小贴士
用什么悬挂

你可以使用可去除的 3M 挂图用的魔术贴将一些物品直接贴在墙上，另外一些物品最好用细绳或丝带穿起来挂在悬于框架里面的一枚小钉子上。

将玻璃和背景从框架上取下来，只在墙上剩下一个空框子（上面带两个饰面钉）。然后在框里挂上其他东西进行展示，就像那个东西刚好悬浮在框架中间一样。这里推荐一些可以挂上去的东西。

1. 一把钥匙（小的或超大的，喷上漆或者保持原样）

2. 一个华丽的汤匙或者从跳蚤市场得来的其他厨房小用具

3. 一条漂亮的珠串项链（越大越好）

4. 一个古董芭比

5. 一个古老的糖果罐或饼干盒

6. 一个用旧了的木制婴儿用品，上面刻有你名字的首字母（或宝宝的或你爱人的）

这些只是一部分想法，尽情发挥你的创意吧！即使是一个古董佩兹糖果盒悬在没有玻璃的框架里挂在儿童浴室看起来都很有趣。

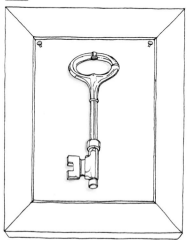

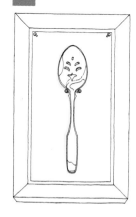

将织物挂起来
当艺术品

酷酷的织物挂在墙上网格状的框架里、或者作为一个大挂毯挂起来，都很**引人注目**。一个框架（或几个）可以使织物显得很时尚，而将它披在木钉上，或者从四个角将它别起来，可以创造一种有乡土气息的自然氛围。如果你想创造一件巨大的艺术品，将织物牢牢地装订在画布甚至是一大片木头的周围，我们这里就是这样做的，效果很棒。一般来说，只需要一码的织物面料。一小块儿有黄色珊瑚图案的剩余织物也被装进了白色框架，创造了层次感。

THE LIGHT OF NEW YORK ASSOULINE

130
填充电视机上方的空白空间

是否在电视机上方有一块儿**空白的地方**呢？一个漂亮的圆镜可以使电视机那锋利的矩形变得柔和起来，而且还可以将光线反弹出去。或者你可以挂上一两个浮架，任何东西都可以放在上面，从花瓶到斜靠在上面的艺术品或者盆栽，随你的心情而定。

131
充实微小的艺术品

是否有**一件艺术品**或一面镜子，挂在一些大物件如沙发或桌案上面显得太小了？在两端挂上蜡烛烛台可以增大它的外观还能增加平衡感。再说，如果它们是用来放蜡烛的，就不需要做与电有关的工作了。

132
将一些能带给你欢乐的东西装框挂起来

你家里应该有一些让你快乐的东西。如果你的家总是让你愁眉苦脸或打哈欠，你得承认那不是你想要的效果。有补救方法吗？悬挂或陈列一些能让你笑得像个傻瓜的东西。这里有几个主意。

- 一幅童年的画
- 小学时你最好的朋友写的一张字条
- 你向往的一个地方的照片或明信片
- 你曾经最喜欢的音乐会的门票
- 你收集的一些瓶盖（将里面写有什么的瓶盖陈列在投影盒里总是很有趣）
- 一句你最喜欢的座右铭
- 一张你不舍得丢弃的贺卡
- 一件珍贵的儿时物品（比如一个绿色卡祖笛或一个陈旧的《毛绒兔》书面封套，如果你还没有，可以在 eBay 上找到这本书）
- 一件最近发生的、让你感到温暖而又糊涂的事情留下的纪念（比如，一封你侄子写给你的古怪的、满篇错别字的信）

达纳的
罩单艺术

客座博主的家装想法

博主:
达纳·米勒
博客:
HOUSE*T WEAKING（www.houset
weaking.com）
地址:
美国俄亥俄州西南部
最喜欢的颜色组合:
白色＋燕麦色＋流行色
最喜欢的图案:
各种各样的条纹状
最喜欢使用的工具:
我的缝纫机

　　我的休息室里有一面**空白的墙**需要大型的艺术品装饰起来。我很清楚我需要的是印刷制品，而且它对于我们全家都很有意义。不想花很多成本，我思考出一个方法创造出一件成本不高但很有个性的艺术品。

备件:

■ 透明纸

■ 大号帆布罩单

■ 针线（或可熨烫的褶边胶带或缝纫机）

■ 索环

■ 墙钩

■ 绳子

■ 字母模板或投影仪（如果没有，试着从当地的学校、大学、图书馆、教堂或商店借一个，不要买）

■ 钢笔

■ 油漆

■ 几个小泡沫刷

■ 纤细的 PVC 管或细木棒

1. **将你挑选的话打印出来。** 我在办公用品商店将我儿子最喜欢的摇篮曲里面的一句话打印在透明纸上。

2. **挂起你的罩单。** 我先将罩单过了一遍水，让它提前缩好水，然后我把它裁剪成想要的大小并镶上边，再沿着顶边安上索环，用绳子将它挂在墙钩上。

3. **投影与描画。** 罩单挂好之后，我就将打印在透明纸上的这句摇篮曲歌词投影在罩单上（将灯光放低最有效）。我用钢笔将语句描画到罩单上。如果你没法找到投影仪，也可以用字母模板。

4. **上漆。** 我用小泡沫刷给每个字母上了一层现有的黑色无挥发性油漆。我很小心，不去浸透织物，这样油漆就不会渗透罩单抹到后面的墙上了。

5. **增加重量。** 等油漆干了之后，我就将细长的 PVC 管缝到了罩单下边上，这样可以给它增加重量让它绷直。你可以手工完成这一道工序，也可以用缝纫机甚至是可熨烫的褶边胶带。

这件 DIY 的墙壁挂件最后的效果特别好。它很大，给休息室的墙壁带来了新鲜的视觉冲击，而且没有占用一点儿地面空间，只花了不到 25 美元的成本。生动的印刷设计与破旧的、纹理清晰的帆布形成对比，看起来很美观。它并不完美，褶皱和针脚随处可见，但是它对于我们家来说多么有意义呀！每次从它身边经过，我都会情不自禁地微笑。

像玛利亚·凯莉
的作品

添加一些 3D 蝴蝶

成本	0 ~ 25 美元
工作难度	不费力
耗时	一小时

要找到一种成本不高的方法给你的墙壁添加真正的那种三维式趣味，**你会感到压力很大**。用一本旧书或旧报纸（当然是你已经看过的）和一些直形别针来制作一个有特色的蝴蝶群吧！

1. 在网上找一个蝴蝶形状打印在卡纸上做一个模板（或者使用像饼切或打花器这样的东西）。

2. 用模板从报纸、旧书，或者地图上剪出一堆纸蝴蝶。我们把模板包在一张折叠的书页上，描出蝴蝶的轮廓，然后沿轮廓把它剪下来，成为下图的样子。

3. 用普通的、旧的缝纫用直别针（用小锤敲进去）将蝴蝶别在墙上，形成漂亮的一小群。我们喜欢那些简单的别针给她们添加了阳刚之气，使她们不会显得太扭捏。整个工序都是零成本，因为我们手头正好有一本旧书和一些别针。

小贴士
不喜欢蝴蝶怎么办

这种方法适用于很多种小形状，你还可以选择蜻蜓、小鸟、银杏叶，或者任何你喜欢的形状。

做一个磨砂的
框架垫

成本 不到 25 美元

工作难度 费点力

耗时 一小时

你可以在五金店找到**磨砂薄膜**（本来用于门窗的），用它给框架中的玻璃面板添加无光泽的霜状表面，这样能创造一种若隐若现的效果。玻璃片后面的艺术品会在玻璃中间部分清晰地展示出来（在这儿你已经剪出了一个矩形窗口），但是从框架周边的磨砂垫里也能若隐若现地窥到艺术图片，增加了别样的感觉。

1. 将玻璃面板小心地从框架上取下来放在已经铺开的磨砂薄膜上，用铅笔将玻璃面板的形状描画在薄膜上，然后剪下刚刚描出的矩形。

2. 按照薄膜包装上的使用说明将矩形的磨砂膜贴到玻璃面板的里面，然后用毛巾将刚刚 "霜化"的玻璃擦干，去除多余的水分。

3. 找一个物品用来在刚刚霜化的面板内部制作一个更小的矩形（例如，一个鞋盒、一张卡纸，或一个更小的框架）。将找到的矩形物品放在玻璃霜化面的中心（用尺子在它四周测量一下），然后用铅笔将矩形物品的轮廓描画出来。

4. 用美工刀小心地沿着刚刚描画的边线裁剪（用尺子保证裁边是直的）。别担心，这样做是不会损坏玻璃的。

5. 从刚刚裁出的矩形的一个角开始，将磨砂膜慢慢地从玻璃上撕下来。用洗甲水消除在玻璃面板这块儿明亮区域上残留的黏合剂。

6. 等上一天时间让玻璃完全干燥，这样就能保证玻璃上不会残留任何对艺术图片有害的潮湿物质，最后重新添上艺术品，将框架装回内层贴有磨砂膜的玻璃面板上。

是有人在说糖霜吗？

4

5

小贴士
壮大队伍

　　将这个技巧用于你想巧妙地统一起来的一组框架效果酷极了。只要加上磨砂垫（相同厚度或不同厚度都可以）再把这组框架重新挂起来，就可以将本来不相搭配的框架联系起来了，或者使杂乱的照片或印刷品更有关联，像一个整体了。一个包装袋里的磨砂膜应该足够搞定 6 个相应大小的边框（甚至可能是 12 个较小的框架）。

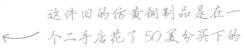

← 这件旧的仿黄铜制品是在一个二手店花了50美分买下的

挂一个旧托架或壁突式烛台

在建筑部件废旧回收站或二手店**找一个托架或壁突式烛台**，要么将它原封不动地挂起来，要么用喷漆给它涂上鲜明的颜色（我们用的是 Krylon 的 Raspberry Gloss）。啊，真有氛围！你甚至可以挂上两个，在一面镜子或一件艺术品两边各挂一个。在一个小走廊或角落里。甚至是卫生间马桶上方的垂直墙面上挂一排托架或壁突式烛台，看起来也会很棒。

最常见的一个装修方面的错误就是把房间里的所有东西都挂得太高了。我们怎么知道的？因为我们犯过这样的错误。从那以后我们就明白了将物品挂低一点会使房间感觉更温馨，同时天花板感觉更高些。按照一般标准，大多数悬挂物的中间应该处于与视线齐平的平均高度，大概就在离地面58～60英寸的高度。但有时候，遵循那个规则对于挂在沙发、餐具柜或桌案上面的物品来说，可能会取得事与愿违的效果。因此，将你要挂在家具上方的艺术品保持在从它的底部到下方的家具之间的距离不超过12～24英寸为宜，只有这样，它看上去才不像是骑得太高而与下面的家具没有任何联系。

将艺术品悬挂（或重新挂）在适当的高度

这里留上 12～24 英寸
的距离很合适

1. 把它变成黑白照片，然后装上框子，堪称经典

2. 用有趣的方法剪切照片，然后将它放大（200% ~ 300% 的比例最合适）

一张照片，
5 种方法

这里有五种简单方法使你拍摄的任何照片都值得在墙上一展风采。

3. 将照片剪切成条状或网格状，然后给每一份单独装上框架挂起来

4. 给照片搭配上一个厚厚的、色彩鲜艳的底垫或框架，可以增添个性

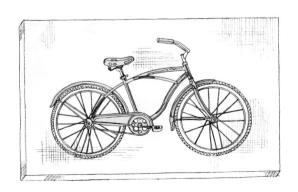

5. 将照片打印到一个大大的画布上，营造画廊效应

从**旧眼镜**或万能钥匙到木版水印字母或白色陶瓷鸟，肯定有什么东西让你感兴趣（只是不要告诉人们，你的陶瓷鸟真的跟你说话）。收藏总能让房子更个性化、更有魅力。正如他们在商界所说的，将物品同时集中展示在一个地方会对顾客产生很大的影响。你知道，如果将它们在房子里分散放置，它们就不可能作为整体被真正欣赏。尝试将所有收藏的东西放在一个投影盒里、一个收纳架上，或者一个书架上，将所有的美丽集中在一个地方。

开始收藏

制作贴花
艺术

用**贴纸**将一个图像固封在画布上或一块儿木板上，给图像以外的部分染上颜色，然后撕下贴花纸。瞧！一件线条清晰、深浅不一的艺术品就做成了，根本不用你徒手来画。

1. 将一个形状有趣的图像（比如，章鱼、喜欢的建筑或纪念品）打印到从办公用品店买来的贴纸上。

2. 把图像剪下来贴在一块儿画布上（按压图像边缘并从上至下摩擦让它贴紧，这样油漆就不会渗进去）。或者将图像贴在一块儿染过色的木板上，然后如下图所示的那样，用美工刀把图像精确地裁出来。

3. 将整体漆成纯色（我们用的是 Benjamin Moore 的 Berry Fizz），在刷漆的过程中一定要经过贴纸的边缘，这样就会得到干净的线条。

4. 小心地将贴纸撕掉，露出图像的形状。在油漆晾干之前就撕下贴纸，出来的线条是最干净利落的；但是如果你担心油漆没干的时候这样做或把一切搞砸，也可以先等油漆晾干再撕下贴纸，之后如果有必要再做修整。

5. 祝贺你自己吧（没错，这基本上就是一个单拍）！

素描彼此的头像

让你的另一半或坐好的朋友扮演一次艺人，用 30 分钟素描彼此的头像（可以用细细的黑色三福记号笔画在一块绷紧的小画布上，也可以用铅笔画在一张普通的旧纸上——随便哪里都可以）。互相对坐着，一边画一边说几句笑话。我们承认，结果可能差强人意，但至少有一点，当你们互相展示你们的作品时，你们很可能都会笑出声来。不管结果有多糟糕，要承诺将它们装框挂上一周。有可能它们会成为讨你喜欢、令你愉快的物品，也有可能它们的"魅力"只会持续一小时左右，然后就被仍进了垃圾桶。但是至少你们尝试过。

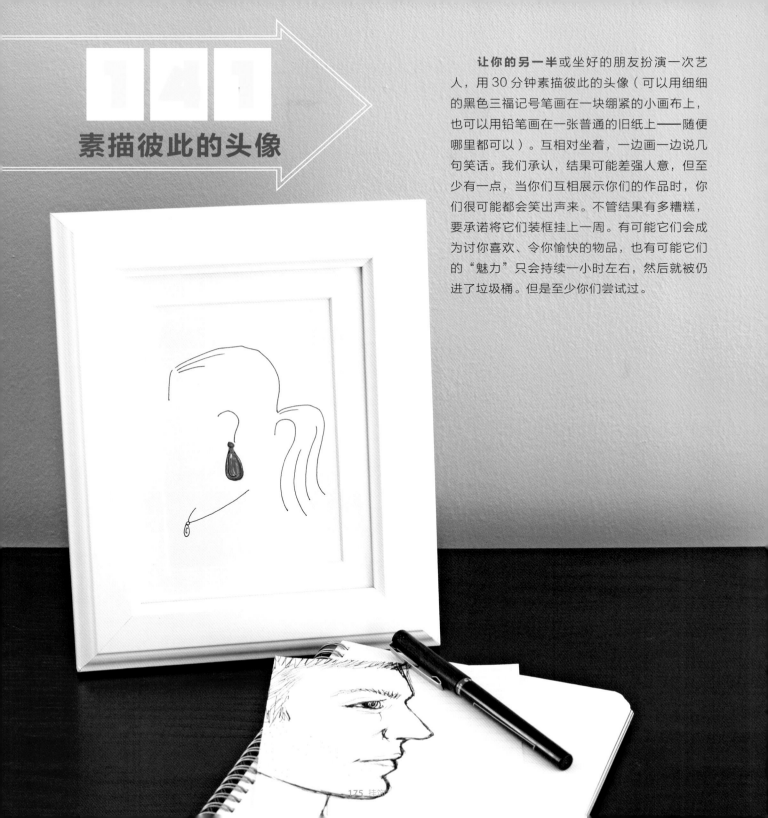

142

想想除了框架还有什么

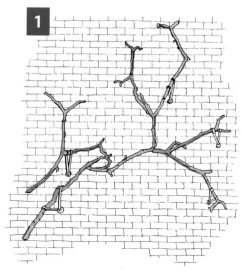

这里有一些其他可以让你挂在墙上东西：

1. 找一些像树枝之类的东西

2. 古董木头或金属标记

3. 烛台

4. 盘子

5. 圆形篮子或编织盘子

6. 百叶窗

7. 旧窗户

8. 浮动花瓶

9. 收纳架

10. 旧铁丝箱子

11. 大大的 3D 数字或字母

寻找免费的艺术品

令人惊讶的是，有很多东西都可以装上边框作为艺术品。一旦它们被放在了玻璃后面，日常用品看起来都相当正统，合情合理地成为了艺术品。我们甚至将风景特别优美、修剪十分有创意的杂志广告装框挂在墙上。这里有一些其他的想法。

1. 一根羽毛
2. 日历上的照片或插图
3. 一个字母模板
4. 书的封套（或里面的书页）
5. 扑克牌
6. 票根的拼贴画
7. 旧围巾
8. 一件旧 T 恤
9. 小日历页（在最喜欢的日子上画了一个桃心）
10. 闪存卡
11. 一个马蹄铁
12. 一个大头贴拼接版

从二手或旧货小卖场买来各种形状、各种大小和风格的框架。每个很可能只花几美元。给它们喷上同种颜色的油漆（建议：选择一种带内置底漆的喷漆，这样的漆面效果最好；请参见第 66 页有更多喷漆的建议），然后将它们作为一个组合挂在墙上。不管你将它们怎么拼插，一致的框架颜色都会将它们联系在一起。这样会比零售框架价格节省 80% 的成本。

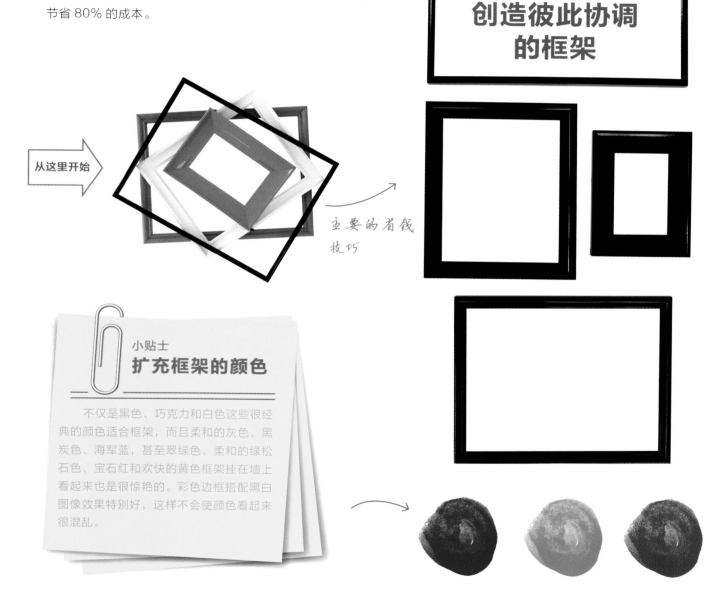

144

创造彼此协调的框架

从这里开始

主要的省钱技巧

小贴士
扩充框架的颜色

不仅是黑色、巧克力和白色这些很经典的颜色适合框架，而且柔和的灰色、黑炭色、海军蓝，甚至翠绿色、柔和的绿松石色、宝石红和欢快的黄色框架挂在墙上看起来也是很惊艳的。彩色边框搭配黑白图像效果特别好，这样不会使颜色看起来很混乱。

想不想有一个地方来展示容易更换的艺术品，而不用花钱买一堆框架、钻出很多墙洞，中头奖了！这有一个很别致的方法：将黑白照片或拍立得照片用金属夹连成一串——或者用衣夹串起彩色的儿童画，显得既好玩又可爱。

1. 找一面空白墙壁，在两个装饰用的墙钩或钉子之间拉一根钢丝或细绳。

2. 可以用装订夹甚至是衣夹夹上任何东西（比如，儿童画、一系列明信片，或照片），可给架子喷上有趣的漆色。

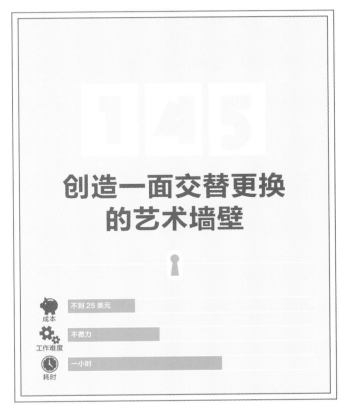

145

创造一面交替更换的艺术墙壁

成本　不到 25 美元

工作难度　不费力

耗时　一小时

当一次
摄影师

成本　25～100美元

工作难度　不费力

耗时　一下午

没必要**拍摄照片创造**你自己的艺术作品（不用偷偷接近湖边的一只天鹅或其他什么东西）。只用试试抓拍以下一些美丽的东西：

■ 一块粗麻布上的一根羽毛

■ 一大张白纸上、一个漂亮的碗里放着的鸡蛋

■ 野花遍地的田野

■ 一只牵着气球的手

■ 一个篱笆或门上脱落的陈漆

■ 或者其他什么，真的（疯狂一把）

　　有些时候，问题的关键并不是你拍的什么，而是你怎么拍的。因此，记着要以一种有趣的方式抓拍你的对象（比如，离拍摄对象非常近或非常远），而且从不同寻常的角度拍摄也会使你的照片非常有意思。像 Costco 或 CVS 这样的地方可以以便宜价格为你放大照片，或者你也可以试试在线服务或当地的打印店。

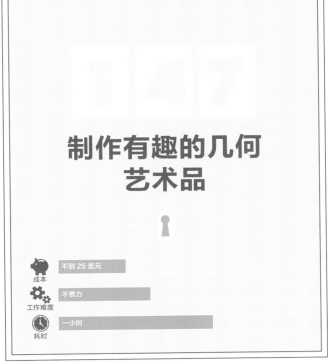

147

制作有趣的几何艺术品

成本 不到 25 美元

工作难度 不费力

耗时 一小时

由于半透明的质地，**薄棉纸放在画布上有惊人的效果。**你可以剪出重复的形状，如三角形、圆形、六边形或鱼鳞形，试着都摆放一下，找出你喜欢的样式。这里介绍我们制作的方法：

1. 利用筒杯或茶杯在卡纸上做一个圆形模板。

2. 用模板在有色的薄棉纸（一种颜色的不同强度可以创造渐变效果，也可以是你喜欢的一些互补色）上裁出一些圆形。剪出的形状不一定是完美的（粗糙的边缘也很有魅力）。然后将它们剪成一半。

3. 以层叠的方式将它们在画布上排列成行，有点像一个抽象的鱼鳞。在画布上用海绵刷涂上 Mod Podge 胶水，在那些已经按照你想要的方式摆好了的图形上也轻轻涂上一层，将它们粘牢。

做一个照片花环

🐷 **成本**　不到 25 美元

⚙️ **工作难度**　不费力

🕐 **耗时**　一两个小时

利用**海报腻子**（年轻人用来挂《暮光之城》海报的那种蓝色的东西）或者涂漆、胶带和黑白照片（速拍照片或带有白边的图片效果很棒）制作一个不用钉孔、无需承诺的相片花环挂在墙上。你甚至可以在电脑上将你自己的照片修剪成宝丽来速拍照片的大小，然后将修剪后的相片用照片纸打印出来，将它们裁剪成带白色宽边的方形，就可得到带署名的宝丽来照片的样子了。

不是你祖母的花环

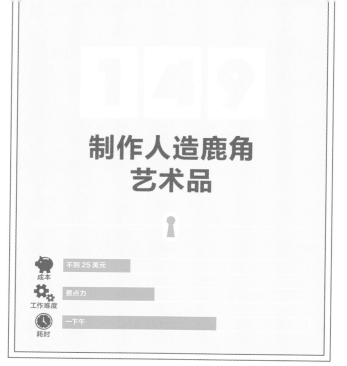

149

制作人造鹿角艺术品

成本 不到 25 美元

工作难度 费点力

耗时 一下午

用一长条木板和一些装饰纸制作这个很酷的图形艺术品既简单又廉价（我们用了 4 美元）！所以开始干吧！走走狂野路线。

1. 找一些装饰纸制作鹿角（我们在 Michaels 买到了这种金属黄色的招贴纸）。

2. 在网上查找一些鹿角形状，在你找到的装饰纸的背面素描出你喜欢的鹿角形状。将它剪下来用作模板（翻过来）制作另一边鹿角。

3. 可选择：给长条木板染色或上漆。

4. 用工艺胶水将鹿角形状贴在木板上，在木板背面加一个挂图钩悬挂起来。

靠它够赢得"街头潮人"的称号。

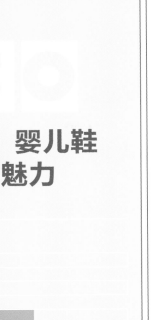

"古铜色"婴儿鞋的现代魅力

成本 **25～100 美元**

工作难度 **不费力**

耗时 **一下午**

 从这里开始

这是一个将传统的古铜色婴儿鞋做一个**升级大转变的方法**（无需熔化的金属）。

1. 在投影盒的底部覆盖上彩色的纸或织物（如果你找不到能派上用场的投影盒，一个去掉玻璃的普通框架也管用）。

2. 给一双婴儿鞋上喷漆（像油面青铜色、深靛蓝色、粉红色，或光滑的白色看起来都不错——只要与背景上的纸张或织物的颜色相配就行）。

3. 等喷漆完全干燥后，在鞋底涂上强力胶黏剂，将鞋固定在有纸张或织物做背景的投影盒中间。

4. 在悬挂之前把它们放平，等胶粘剂晾干。

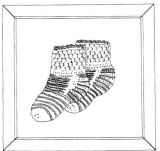

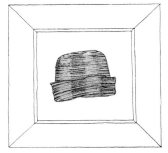

小贴士

其他有悬挂价值的宝宝纪念品

小婴儿袜、在医院时戴的 ID 手镯、刚出生用的毯子或帽子、回家时的用具、脚印、医生体检时做的重量和长度的记录，这些东西放在框架或投影盒里看起来也很棒。

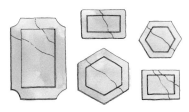

1. 有角盘子呈不对称排列看起来轮廓鲜明

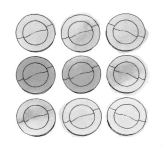

2. 美观的、对称的网格状布局绝对是正确选择

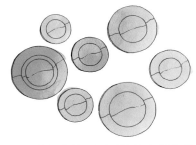

3. 一种自由的、不对称的布局总是能取悦很多人

151

挂上许多盘子

许多盘子整体挂在墙上看起来非常酷。使用盘架就可以将它们挂起来，盘架可以在工艺品店或网上买到，风格多样（一些是隐藏式的，一些从盘子外缘隐约可见）。这里有一些盘子的悬挂方式供你参考。

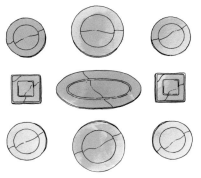

4. 不同形状的盘子挂在一起显得不拘一格

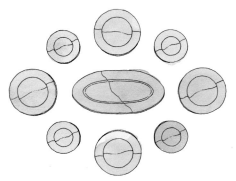

5. 一个有平衡感的钻石形状的布局，加上每个突出点上放个大号盘子，显得非常有趣

委托宝宝制作艺术品

让你的宝宝创造艺术品是很有趣的事。配合某件房间的装饰给他（她）一些具体的颜色，你甚至可以给他（她）一个精巧的黑白调色盘或一些真正有冲击力的颜色，如蓝色、柠檬黄、或橘红色。至于绘画表面，可以给他（她）提供水彩画纸、卡纸，甚至像亚麻仿毛织物、薄纱或麻袋之类的东西。见鬼，一个很酷的旧木板上也能起到令人震撼的效果。

这个墙纸样品只花了几美元

请参照167页了解如何制作这种磨砂的框架垫子

给壁纸样品装上框架

即使你买不起100美元一卷的东西，你完全可以花5美元买一个壁纸样品，让你每次看见它都很高兴。找一个网上供应商或当地的装饰店，花一点钱就能从那些地方买到壁纸样品，选一个你最喜欢的样品（或三个做一个小的画框集）。增加一排鲜亮的厚垫子可以充实你的壁纸样品（这样看起来壁纸就占了更多的空间，更抢眼）。出售框架和艺术用品的商店里有各种各样的垫子，你甚至可以给它们涂上几层薄薄的乳胶漆增添趣味，颜色以你喜欢的为准。关于这个方面请参照第194页。

门上方的区域经常被忽略掉，但是对于任何一个通过它的人，这是一个可以增加个性和趣味的地方。尝试在那里挂一些小东西，比如，一个小小的、人造的鹿角纪念品；或者和门一样宽的东西，比如，从二手店买来的一幅长长的劣质画。

154

在门上方挂些东西

那是鸭子！

制作简单的
剪影

🐷 成本	不到 25 美元
⚙️ 工作难度	不费力
🕐 耗时	一下午

剪影可以是黑底白面的经典版本，也可以是色彩斑斓的既现代又好玩的样式。你甚至可以用下面的方法制作你喜爱的宠物或物品的剪影（三个不同的装饰用的椅子剪影挂在你的餐厅应该很有意思）。

低技术含量的方法

1. 给你要做剪影的对象拍张照片，要显示他（她）的整个头部轮廓（或者包括他（她）的身体轮廓，如果那也在你要剪影的范围之内）。在普通的有光线的背景下（比如，一面墙或一个床单）给他（她）抓拍会节省你的工序。

2. 在家或照片洗印中心将图像打印出来，然后去打印部将照片放大（试试 200% ～ 300% 之间的比例，可以上下变动 1 英寸达到理想的尺寸）。

3. 等你拿到大小合适的放大照片之后，仔细地将他（她）的头部轮廓（或整个身体）剪下来作为模板，用铅笔将模板轮廓描画在你喜欢的颜色的装饰纸上。

4. 小心地剪出你的纸质剪影（小指甲剪很管用），然后用工艺胶水将剪影粘贴在另一张有对比色的、当作背景的装饰纸上。

5. 给它装上框架，开始跳舞庆祝吧！

高技术含量的方法

1. 给你要做剪影的对象拍张照片，要显示他（她）的整个头部轮廓（或者包括他（她）的身体轮廓，如果那也在你要剪影的范围之内）。在普通的有光线的背景下（比如，一面墙或一个床单）给他（她）抓拍会节省你的工序。

2. 将照片在像 Photoshop 这样的绘图程序中打开，选择一种工具描出图像的轮廓（试试 Photoshop 中的"磁性套索"工具）。

3. 将描出的图形 "染成"或填充成黑色创造经典样式，或者是另外一种好玩的颜色。

4. 转换选择项，将其余部分填充成白色或与剪影相配的其他颜色。

5. 将制图结果打印出来装上边框。

这是我们的一张
结婚照，那是我
们第一次亲吻

158

159

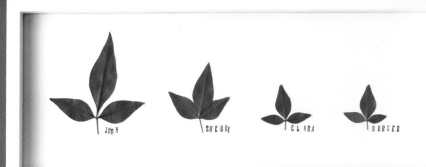

JOHN   SHERRY   CLARA   BURGER

John   Sherry   Clara
Nana   Dan   Ali
Ken   Nina   Adam

157

156

156 制作指印艺术品

我们不是在说与CSI（犯罪现场调查）相关的事（不用出示抓捕证）。这件指印作品更有趣的地方在于它那"家谱装进玻璃实验室"的风貌。只用一个印台即可，然后请每个人在他（她）的指印下签上自己的昵称。

137 制作植被家庭

一个象征性的、各种各样的小叶子家庭会给你的墙壁增添生趣。

1. 到外面找一些能代表你的家庭的树叶（大叶子代表大人，小叶子代表孩子）。将每片叶子平放在两片薄薄的破布之间，或者放在一件旧T恤里。

2. 熨斗烧到中等热度时，将包在布里的每片叶子熨烫大约8分钟，期间要不停来回熨烫，还要定时查看叶子是否变得干脆了。

3. 等叶子干透以后，用小字母印章将每个人的名字印在每片叶子的旁边（贴片或打印出旧的标签也可以）。用工艺胶水将叶子粘贴到位，最后将整个作品用框架装起来。

158 制作邮票家谱

克莱拉的爷爷是个邮票爱好者，我们制作了一个邮票家谱纪念他的家人，这使他大吃一惊。我们在当地的一家邮票商店买到了我们想要列出的那些亲戚出生的当年发行的邮票，有一些要追溯到很久以前的1920年！如果你在当地找不到这样的邮票，可以试试eBay或其他网络供应商。在白色卡纸上，将这些邮票按照每一代人排成一行的规则组成树形样式。在粘贴邮票之前，用细细的黑色记号笔和尺子画出邮票的连接线。然后用透明胶水纸或工艺胶水将邮票在连线上粘贴到位。这份有意义的礼物花了我们不到15美元（包括边框）。

159 给框架垫涂漆

用刷子或小泡沫辊简单地给框架垫涂上几层薄而均匀的漆，可以增加很大的冲击力。用明亮的珊瑚色或柔和的绿色框架垫（或其他任何一种彩虹的颜色）将整个走廊变成一个精彩的艺术奇观。

配件

关于配饰的想法

雪莉说

任何看过我们博客的人都知道,我对某些陶瓷动物有一种近乎病态的癖好。早在 2006 年,我在 HomeGoods 看到一个英俊的 3 英尺高的白色陶瓷狗顺从地坐在那儿时,就知道我必须用 29 美元让它变成我的。就这样开始了,我爱发现古怪的、带点雄性特征的动物(我还有一只犀牛和一只章鱼等)。我不喜欢陶瓷猫、陶瓷独角兽这种可爱的东西,我喜欢的都是有锐气的动物,那些你不想在一个黑暗的小巷遇到的动物。

为什么是陶瓷动物呢? 我不太清楚。我只是特别喜欢将自己包围在喜爱的东西之中(即使没有太多理由能解释我为什么喜欢它们)。因此我选择了我喜欢的配饰,如果你愿意这样说的话。我想说的是陶瓷动物比你想象的要更容易拿来使用。它们很多都是白色的,这使它们看起来非常中性化,可以放在任何房间里,而且绝对能增加个性和特点。它们就像是一种现代的、厚脸皮的、不是那么寻常的雕塑。动物一直是我钟爱的东西,所以为什么不尽力"收养"一些呢,对吧?

我们就别谈我的第一个陶瓷动物（我从 HomeGoods 买的那只心爱的狗）是怎么遭遇一个突如其来的悲惨结局了，当时约翰正在门厅里挂一些画框，结果一个框架突然下来砸在它的坚忍的小脸上，太恐怖了！

我站在那里嘴巴张的老大，强忍住泪水，直到约翰画了一幅画来讲述这次事件想让我振作起来。结果惹得我连哭带笑，差点原谅了他。

值得庆幸的是，在我的动物园里还有 12 个其他的动物朋友让我忘记那不敢回首的一天。我不是唯一一个对配饰痴迷的人。约翰有点太钟情于地图和印刷设计了。它们就像 1998 年时的"小甜甜"布兰妮一样让他神魂颠倒（是的，当她穿上小女生的行头，约翰至少和其他男士一样喜爱她）。但回到当下，约翰喜欢收集各种地图册和地球仪，他甚至有一张活字印刷的里士满地图（这是他两种爱好的结合）。所以我们总体的想法是：只管收集你喜欢的配饰和任何平庸的东西说再见，因为生命短暂，容不得你浪费在乏味的配饰上。

受害者

对受害者犯罪的过程图

现在每当约翰从这儿经过时，这些朋友总会吓得浑身发抖

160

添加红色的东西

将一个普通的**金属椅子**或木桌子**漆成**红色（参见第 257 页教程）会增加很大的冲击力。即使房间里只有一个红色的东西（比如，一个便宜的红宝石色调的枕头或一个红色陶瓷鼓凳），它也明显可以唤醒整个空间。

请参看第 268 页关于我们如何制作的这个枕头

小贴士
不喜欢看红色怎么办

如果你不喜欢红色也不用担心。可以尝试炽热的橙色、嫩黄色，或桃红色。大胆的暖色调都一样可以衬托你的房间。

161

就在家里创建你自己的装饰商店

这听起来像是常识，但是将你所有的装饰用品（比如花瓶、蜡烛、备用枕头等）集中在一个地方存放会使你更方便地在自己家里"购物"。知道吗？这样你就不会找不着东西又去花钱买新的。不要用一个橱柜专门放蜡烛、用另外一个地方专门放小框架、再用一个地方专门放枕套和花瓶。如果可以的话，尽量将它们集中在一个地点，比如厨房里一个闲置的橱柜，或者一个壁橱，甚至是一个放在床下的储物箱。这样你就可以一次性看到所有要用的东西了。

评估购买价值

这里有一些步骤来评估某件东西是否值得购买。仅仅是价格便宜或大打折扣还不够，你还要对以下 6 个问题中至少 4 个做出肯定回答，最好是对所有问题回答"是"。

1. 它是否适合放在我打算放的地方？如果我不知道该把它放在哪里，我是否能在现实情况下找到一个适合它的地方？

2. 我喜欢它上面的线条吗（不像漆色或面料，线条和形状不是你能轻易改变的东西）？

3. 它是否完整无缺？如果不是，我有信心修复它吗？

4. 它是否跟我已经有的并喜欢的东西相配呢（买一件与房子里其余的东西格格不入的物品是没有任何意义的）？

5. 它是要长期使用的东西，还是过渡用品？有时最好把钱省下来买你真正想要的东西。

6. 如果东西在促销，问问自己：如果它没减价我还会买吗（这能真正检验你是喜爱并需要某个东西，还是只是因为冲动才买它的）？

162

用有韵律的枕头
演奏音乐之椅

把一个房间里的**枕头全部挪走**放在它们的新家里，看看效果如何。或者只是随意按照从来没用过的方法将枕头随机地混合搭配在一起。有时候要适应这样的一些小变化需要一点时间，所以在做出判断和评价之前让这些枕头在新地方先待上几天。你甚至可以给放上几个不同枕头的房间拍些照片，看看哪张是你最喜欢的（照片比起你自己站在那里苦思冥想更容易使你对事物的尺寸、形状和颜色做出评价）。

163

添加一种（很可能）不会很快枯萎的植物

如果**你把一些植物**养死了，它们会让你感觉像一个真正的失败者（甚至更糟——像个杀手）。但是那并不能阻止你挑选一种容易养活的植物给家里每个房间增加生趣。这里有几种大家公认的可能不会被你养死的植物（祈祷中）。

芦荟（放在干净的白色花盆里好可爱）

驴尾草（和芦荟一样是一种多汁植物，不容易养死）

竹（便宜，好养，有禅意）

喜林芋（叶子多，无需太多照管）

波士顿蕨（像羽毛一样，很别致）

玉米植株（我们已经有一盆，养了多年了）

常春藤（除了正派的英国人，也适合其他人）

银皇后（总是能使人感到很开心）

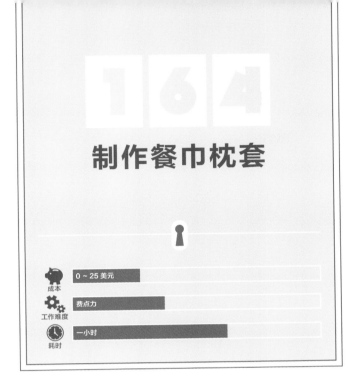

164

制作餐巾枕套

成本	0～25 美元
工作难度	费点力
耗时	一小时

　　如果你的沙发床上没有合适的枕头，用织物餐巾或餐具垫做一些不失为一个良策，它们既美观又便宜。

1. 准备物料。每个枕头都需要两个大小相同的织物餐巾或餐具垫，还需要针线（缝纫机也可以）。

2. 将餐巾叠放在一起，如果它们都有美观的一面，确保这两面相对而放。用缝纫机（或者针线）将两个餐巾的三个边缝在一起。

3. 现在把你缝好的餐巾枕套从里面朝外翻出来，然后塞入同样大小的枕头（如果枕头太小，会使新套子看起来宽松下垂）。如果你找不到大小合适的枕头，可以用旧枕头里的填充物将新枕套填满。

4. 用针线将枕套的第四条边也是最后一条边缝紧，最好用和织物颜色相配的线缝出小针脚，这样就不会太显眼。

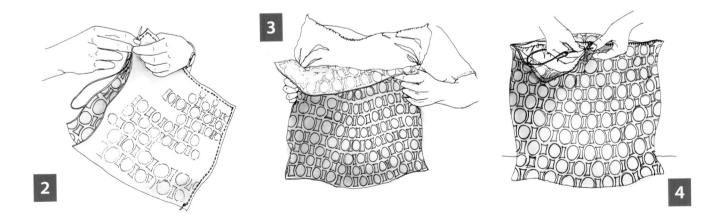

用黑板漆**回收利用旧瓶子**是一个极好的方法来制作可以涂鸦的花瓶。干杯！

1. 将空酒瓶或汽水瓶放在肥皂水中浸泡，去除它们身上的标签。

2. 晾干后，给它们喷上底漆，比如 Kilz 牌底漆。

3. 等底漆干了之后，给它们涂上黑板漆。用漆刷涂上薄薄的、均匀的几层，或者如果你能买到黑板喷漆也可以用喷漆（我们在 Jo-Ann Fabric 买到了 7 美元的喷漆）。

4. 用白色或彩色粉笔在瓶子上随意涂鸦（可以写上你的名字、给客人的留言、你最喜欢的数字、你名字的末字母，或其他任何东西）。

165

制作黑板式的瓶子花瓶

从我们的回物回收箱里找来的两个闪闪发光的水瓶和一个酒瓶，现在变成了独合和花瓶

166

收藏有"签名"的物品

收藏几件有个性或有意义的东西——你知道，就是那种能使你的房子感觉起来像你的东西。

花一分钟时间思考一下什么东西能代表你的友情、你的生活，或你的爱好，会使事情变得更简单。这样当你发现带有那种风格的艺术品或配饰，它们就会蹦出来喊你。也许你喜欢图标、动物、字母或数字。这里有一些我们的最爱（以及最爱的原因）。

1. 数字"7"（我们是在 2005 年的 7 月 7 日开始约会，在 2007 年 7 月 7 日结婚的）

2. 白色的陶瓷动物（尤其是犀牛，只是因为它能让我们快乐）

3. 大头贴带子（从约会那天到现在，我们已经照了大概有 100 张了）

4. 钥匙（从裱上框的旧钥匙到挂在墙上的超大的铁钥匙，对于我们来说，它们是如此有特色，有魅力）

5. 柠檬和酸橙（它们是我们夏季婚礼的中心装饰品）

6. 任何跟纽约市有关的东西（我们在那儿相遇并相爱）

7. 蜜蜂（它们也在我们婚礼的邀请之列，那天它们绕着一棵柠檬树飞来飞去）

8. 地图（它们充满了微小的细节和纹理，尤其有意义的是它们记载了我们曾经住过或游览过的地方）

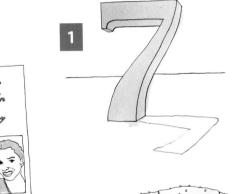

用喷漆更新一个家常的旧花环会给它一种光滑、厚实的陶瓷般的外观。只用找一个形状有趣的花环，不是真正用植物、叶子、花朵做的（去仿造一个），然后给它多喷几层薄薄的、均匀的油漆，直到覆盖完全为止（带有内置底漆的喷漆，比如Rust-Oleum Universal，可能是最省事的）。等花环干了之后，用一些漂亮的丝带在它周围绕上一圈用来悬挂。用它来装扮窗户或镜子棒极了（只用把丝带用胶带粘在镜子上沿的背面，或者在窗框上边加一个小钉子把花环挂起来）。

1617

使花环变得现代化

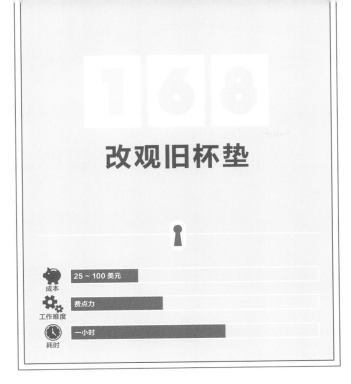

168

改观旧杯垫

成本 25 ~ 100 美元

工作难度 费点力

耗时 一小时

剪贴薄纸 + 胶水 = 快乐的小杯垫。如果需要更多细节，这里就有。

1. 从家装店买一些便宜的瓷砖，要足够大能放得下几个杯子，或者从二手店淘几个廉价杯垫（通常 1 美元一个）。

2. 从工艺品商店挑选一些装饰纸，一张大概 50 美分（我们喜欢用 4 种不同样式的，显得有趣且不拘一格）。

3. 用钢笔或铅笔将每块儿瓷砖（或者二手店的杯垫）的轮廓描画在装饰纸背面，然后仔细地沿边线剪下来。

4. 用工艺胶水将剪下的图样粘贴在杯垫或瓷砖的表面，边缘对齐。

5. 等胶水干了以后，在装饰纸表面再涂上 Mod Podge 胶水达到更耐用的效果。

6. 如果你用的是瓷砖，可能得在家装店买一些小毛毡垫加在下面（这种垫子放在椅子腿下面防止磨损地板）。如果你已经找到二手杯垫，就跳过这一步，因为杯垫下面本身有保护层。

169
将自然带进室内

很多户外的东西都可以用于室内，像石头、树枝、苔藓、贝壳、沙子、橡果、松果、树叶和鲜花（这不废话吗）。甚至老树干的残骸也可以用水泥填补做成一个有趣的边桌。

小贴士
对小虫子说不

在拿来用之前将橡果和松果冷冻起来可以确保没有任何小虫子潜伏在里面。将大件东西先在车库或密封的日光浴室这样的保存区放上一两天，然后再拿进室内，这样就能检查上面有没有虫子。

1. 插入铅笔和钢笔

2. 储存丝带或多余的纽扣和缝衣线

3. 放一些精油和木串，就能瞬间成为纯天然的空气清新剂

170

杯子不仅能用来喝水

这里列出杯子的其他 5 种用途。

4. 用棉签填充它

5. 在杯沿上挂耳环

或者装上花生酱！

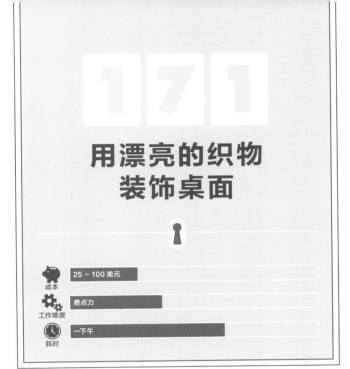

171

用漂亮的织物装饰桌面

成本 25～100 美元

工作难度 费点力

耗时 一下午

如果你有张桌子需要什么来装点一下，就去买块儿很酷的织物零头或者一块儿玻璃或有机玻璃。

1. 测量一下桌面的尺寸，买一块儿玻璃或有机玻璃裁成桌面大小。很多家装店可以现场为你裁有机玻璃，或者你可以从当地的玻璃制造商那儿订购一块儿玻璃（在网上搜索一家当地的制造商）。我们在 Home Depot 花了 26 美元买了一块儿 20 英寸 ×30 英寸的有机玻璃。

2. 将装饰织物裁剪成适合桌面的矩形大小（你可以给织物四面镶上边看起来比较光滑，或者如果你选择了粗糙的面料，像粗麻布或一种耐磨的面料）。**可选**：用一些双面胶将织物固定合适。

3. 把你裁下来的玻璃块儿或有机玻璃放在织物上面将它固定到位。大功告成！

外出旅游（一天、一个周末、一周，多长时间都行），在其他地方买一些有意义的东西。不是俗气的纪念品，而是一件艺术品、一根蜡烛、一个花瓶，甚至一件家具。它们身上总是带着一点有趣的小小回忆。

172

从遥远的地方给你的房子带回一些特别的东西

173

增加鲜亮的色彩，不用粉刷墙壁

你是否不能粉刷墙壁（因为不想费力或者担心房东有意见）？不用刷漆，亮色的枕头、艺术品、地毯和窗帘一样可以给房间增添魅力。很多钟爱色彩的鉴赏家都会选择白色墙壁来衬托色彩缤纷的配饰，因此说起严肃风格，白色墙壁不一定是一个障碍。甚至是五颜六色的小配件，比如一堆书或漂亮的亮色碗碟也能给本来单调乏味的空间添加很大的视觉冲击。

174

在未使用的壁炉里放个东西

有很多种方法来装饰一个旧的不再使用的壁炉。这里有我们最喜欢的几个方法：

1. 在火室后面斜靠一面镜子，前面用托盘放上闪闪发光的蜡烛。

2. 一个大的蕨类植物盆栽。

3. 几堆精装书籍。

4. 裱上框的艺术品（尝试有层次地挂上三张高低不齐的照片）。

添加一点
奇思妙想

耶！奇思妙想

起初，我们犯了一个错误，试图用一些严肃的、成熟的东西装饰我们第一个家。没想到，没想到，那样做一点儿也没有家的感觉。我们原以为米黄色的墙壁、配套的家具和成熟的配饰就是要达到的效果，但是到了第二个房子我们就开始我行我素起来，我们选择了自己喜欢的东西（更多的颜色、有趣的配件和一些奇思怪想），这次的房子感觉更有我们自己的特色。因此，如果你感觉你的房子有点过于保守或普通，缺乏特点，就可以尝试添加一些有个性的物品，不管是一对蓝绿色的枕头、一个有斑马状条纹的搁脚凳、一个大大的牡蛎壳装饰的镜子，还是其他东西，只要它们能将房间的装饰从"有效果"变成"有个性"。

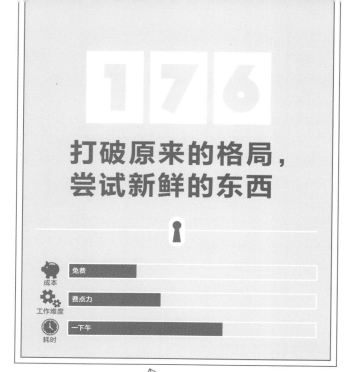

176

打破原来的格局，尝试新鲜的东西

免费

费点力

一下午

成本

工作难度

耗时

噢呦！是免费的

将你拥有的所有配饰集中在一个易于清点的地方（比如一个大餐桌或者厨房的地板上）。所有东西尽收眼底有利于你创造出新的搭配想法（打破那些旧的、乏味的布局）营造全新的面貌。尽管还是原来的东西，但如果以不同的组合和不同的颜色搭配方案重新安排它们，也会呈现出截然不同的感官效果。如果提出新的有创意的布局方案对你来说很困难，这里有几个想法供你参考：

■ 收集你所有的烛台（水晶的、木头的、玻璃的等）将它们分组排列在一个壁炉架或浮架上。

■ 看看你是否有一些物品是同一种色调（不管是白色、绿色、黑色或桃红色），让它们在书架或瓷器柜里派上用场。将颜色相似的物品穿插在一堆堆的书籍或盘子中间作为装饰将它们分开，会收到极好的效果。

■ 挑选颜色最亮的配饰集中放在一张桌案上，或餐桌中心的长条饰布上。尽管它们颜色各异，但有时候亮色只能搭配亮色，虽然看上去有些相互对抗。

■ 摆弄一下纹理和材料。挑出表面光滑闪亮的东西来搭配粗糙、有乡村风格的东西，或者将图案丰富的物品放在干净、简单的物品旁边。

■ 找一件矮矮的物品、一件中等高度的物品和一件高高的东西。三个不同高度的物品排成一组效果通常不错，虽然它们并不总是那么搭调。

■ 挑出所有质地相同的东西（玻璃的、木头的、或金属的），将它们陈列在一起，创造一种紧密结合的、风格一致的视觉冲击。

177

用书页制作吊灯

🐷 成本	25 ~ 100 美元
⚙️ 工作难度	费点力
🕐 耗时	一下午

尝试使用儿童读物、二手店小说、老百科全书或植物学书籍的**书页**。

1. 从二手店或装饰用品商店买一个旧的鼓形灯罩。确保灯罩的顶端有一个金属环，这样就可以把它悬挂起来或连接在一个灯具上（一些台灯罩子的上面会有带环的金属灯臂，在底部也接有一些）。

2. 找一本旧书，用美工刀仔细沿着书脊裁下书页（如果你不忍心将书活活撕裂，可以将书页彩色影印出来）。

3. 将书页裁成 2 英寸 ×3 英寸的板块儿。

4. 像上图所示那样，将四张书页条用胶带交错粘贴在一起（将它们翻过来就能隐藏胶带），然后将粘贴好的书页条的最上边折到灯罩内缘用胶带固定好。

5. 继续折叠粘贴书页条，直到整个灯罩都被自上而下垂挂下来的穗儿状书页覆盖。

6. 加上灯具（可在宜家买到，大概 5 美元）或者仅仅挂上你新做的吊灯罩（不用接电线），给角落里的桌子上空增加一些趣味。

注意：

纸质灯罩和灯笼经常被人们使用，所以只要热量能从灯罩顶部和底部散发出去，且灯泡周围有充足的空隙（也就是说，灯泡没有特别接近或紧靠在纸、胶带或罩子上），就不会有着火的危险。用 CFL 或 LED 也是好主意，因为它们散发的热量比白炽灯泡要少得多。

SPEAKERPHONES

Speakerphones can be very handy, pa... person in the room and a multiperson con... one hard-and-fast rule, however. If you a... say so immediately. "John, Justin Green is...

If you are speaking to someone who... speaker and not told you, ask. If it annoys... is free to speak directly into the telephone... versation can be continued in greater priv...

Users of speakerphones should be awa... telephone conversation and the same con... standard conversation, theoretically, all p... although it would be rude to do so. A speak... phone: you cannot speak and hear at the s... the other party finishes they only hear you...

E-MAIL

E-mail is another means of instant c... include subject matter you would be u... Although directed specifically to one or a... sender, E-mail is not necessarily confident... always be professional and careful. It can... should not be used for frivolous correspon... that their employers can and sometimes... dence often thought to be private. In fact,... inappropriately using company E-mail....

As carefully as is possible. E-mail tran... processed or typewritten memos and be su...

WHO IS CALLING, PLEASE?

Unfortunately not everyone does give... ply respond to your "Hello" by saying, "M... Wasson in?" In this case, you may sa...

However, if the caller is persistent, you... ated to the person who referred him; c... with, "I really haven't time to see you..."
• The hostile caller. No matter how unfou... calm him. You might say, "I am terribly... make you angry, but I really cannot he... case of service businesses, hostile calls... way to handle them is to listen, allowin...

PUBLIC TELEPHONES

When you are the caller, be courteous... of quarters and chat with your friends while...

more irritating than to rush down from... answer and find that the caller has hun...
• If you must put the telephone down du... hang up, don't slam the receiver down.

SNOOPS

How do you answer perso... a piece of clothing?

1. Thou shall not use a computer to...
2. Thou shalt not interfere with oth...
3. Thou shalt not snoop around in oth...
4. Thou shalt not use a computer to st...
5. Thou shalt not use a computer to b...
6. Thou shalt not use or copy software...
7. Thou shalt not use other people's c...
8. Thou shalt not appropriate other peo...
9. Thou shalt think about the social co...
10. Thou shalt use a computer in ways...

我们在二手店找到一本旧的艾米丽·波斯特的书，只花了 10 美分

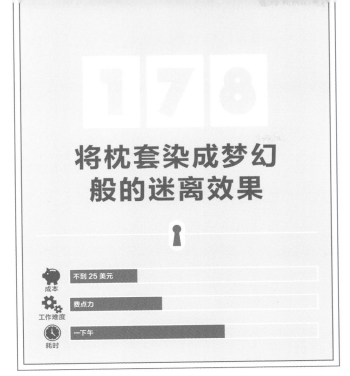

178

将枕套染成梦幻般的迷离效果

🐷 **成本** 不到 25 美元

⚙️ **工作难度** 费点力

🕐 **耗时** 一下午

谁说制作自己的枕套的**唯一方法**就是缝制它们？你当然可以用染料给预先做好的枕套增添个性。

1. 首先准备好物料。需要一个普通的白色纯棉枕套和一些织物染料（参照染料的使用说明准备其他染色时所需要的材料，比如食盐）。宜家出售质量很好的便宜枕套，像我们这里用的就是。

2. 根据染料的使用说明在水槽、浴缸或备用的桶里混合染料。我们的枕套用的是 Jeans Blue 的 Dylon dye。

3. 将枕套对折再对折，然后将一半区域浸入染缸，按照染料的使用说明就那样保持一段时间。

4. 按照染料的使用说明对染色后的枕套进行冲洗、清洗和干燥处理，期间在冲洗时注意要保证颜色不会沾染到枕套上没有进行染色处理的部分（为了避免这一结果，冲洗时要等到水流变清之后再进入清洗或干燥环节）。

5. 想要同样风格的枕套，就重复以上操作。

我们用的是地下室的一个回桶，但是水槽或盆子也管用

179

制作回收利用的玻璃书挡

从你的废旧物品回收站里找出玻璃罐子（我们过去用来装面酱），去掉罐子上的标签，在里面装满石头、水或沙子，任何足够重的、能挡住许多书的东西，然后用你喜欢的颜色给它连盖子一并喷上薄薄的、均匀的油漆。现在它就像放在书架上的玻璃花瓶或陶瓷花盆一样漂亮，而且制作成本也很低。我们的制作总共花了 4 美元！

180

为精装书脱下外套

退掉精装书的外套就会露出底下华丽的、悠闲的织物封皮。毫无多余装饰的书脊就可以用来提高你的书架或咖啡桌的档次，简单易行。

181

用垫圈给镜子升级

我们在家装店花了 9 美元**买了 30 个大号的金属垫圈**，用犀利牌液体钉将它们安装在一面二手店花 4 美元买的镜子的边框上。等胶水干了之后，我们将镜面部分胶封起来，给镜框喷上了白色有光泽的喷漆（Rust-Oleum's Universal，一种带有内置底漆的喷漆）。也可以尝试其他的颜色，比如右面青铜色、黑色、高光泽红色、柔和的珊瑚色、菜叶色，或者其他任何吸引你的颜色。

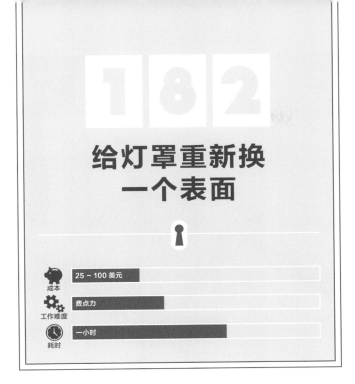

182

给灯罩重新换
一个表面

成本	25 ~ 100 美元
工作难度	费点力
耗时	一小时

找一个织物表面的鼓形灯罩，用不到一码的织物和胶枪就完全可以改造它。这种灯罩最易做的就是与它宽度相同的鼓形吊灯，而且你可以在背面创造一个谁都不会发现的合缝（所有灯罩都会有）。

1. 首先选择一个你喜欢的布料。任何东西都可以， 从丰富的中立色彩到颜色鲜明的图案都能派上用场， 只是要尽力远离沉重的面料，因为它们会遮挡大量的光线（纯粹和柔滑的面料也可能比经典的东西像轻量级棉更难处理）。

2. 测量鼓形灯罩的高度和周长，将每方面的尺寸各增加2英寸，把面料裁剪成这个大小。如果你的织物有图案，裁剪时一定要保持图案是直的。这样你就会得到一个尺寸略大于灯罩的长方形的织物面料。

3. 用热胶枪将长方形织物的两个短边其中之一垂直固定在灯罩的背缝上（一长溜儿的胶水就能将织物的那个端头固定到位）。

4. 这一步最好有两个人互相帮忙来操作。将织物拉紧围绕灯罩一圈，把末端折进去大约半英寸，这样的终边比较美观。同时，让你的助手在最先已经贴在灯罩上的那个织物边缘抹上一行胶水。

5. 将折过边的织物末端紧紧按压在胶水上，这样就能把它牢牢地粘在灯罩上。这里的图案可能不会完全接合，但那没关系，因为这个接缝在后面。

6. 将灯罩上下两端多余的织物折起来，用胶水固定在灯罩上下两边的内缘。同样，让另一个人拿着胶枪，你要将灯罩周围多余的织物紧紧按压在刚涂的胶水上。你可能需要在织物上剪出几个小切口，使织物贴合在金属灯臂的周围。

注意:
大多数灯罩都是用胶水粘合的，因此，胶水凝固以后应该不会有什么东西融化或滴落的危险（灯罩位置一般都与灯泡之间有较远的距离，所以热量不会对胶水造成影响）。

提示:
要获取更多相关照片和建议，请登录 younghouselove.com/book。

翻到下一页看看完成后的效果！

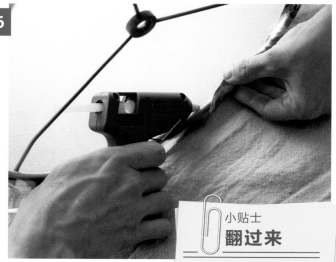

小贴士
翻过来

我们用这件织物的里面当表面，这样显得柔和一点儿。

182

184

183

185

186

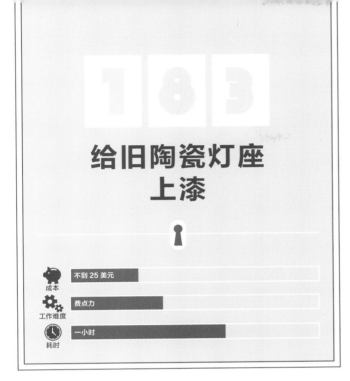

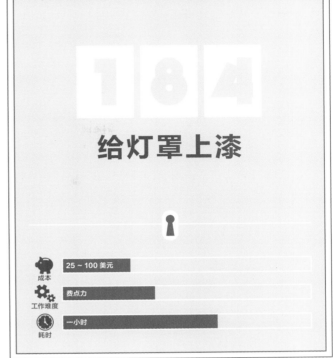

183

给旧陶瓷灯座上漆

成本	不到 25 美元
工作难度	费点力
耗时	一小时

184

给灯罩上漆

成本	25 ~ 100 美元
工作难度	费点力
耗时	一小时

有时增添一种流行的颜色可能就会解决"好像缺点什么"这个问题，从而唤醒整个房间。所以，找一个现有的台灯（或者二手店的旧灯）让你的房间快乐起来吧！

1. 卸掉灯罩和灯罩上所有的配件，用涂漆和胶带把灯泡插销和灯线包封起来以免沾上油漆。

2. 先给灯座喷上几层薄薄的底漆，再以你喜欢的颜色给它喷上三四层表层漆。请参见第 66 页有关喷漆的一般性建议。如果你喜欢，也可以用漆刷给灯座上底漆，再涂上乳胶漆(我们用的是 Benjamin Moore 的 Hibiscus ），总是要保持漆面薄而均匀。

3. 在将灯罩安装回去然后因为自己出色的工作而洋洋得意之前，要等油漆充分地干燥才行。

给灯罩添加一些**出乎意料的趣味**会使情况有所变化。

只需要从工艺品商店买一种便宜的、一管两美元的丙烯酸涂料就能创造全新的面貌。可以试试以下方案中的一种，也可以我行我素，设计你自己的方案。

■ 高对比度的斑马线（在网上找一个样本，把用铅笔找到的图案轻轻地描画在灯罩上，然后用漆将图案填充起来）。

■ 经典的横条纹（用涂漆和胶带做你的向导）。

■ 给灯罩的边缘涂漆，或给它的上部和下部的带状区域涂漆，创造戏剧效果（就像我们利用涂漆和胶带创造的这种效果一样）。

■ 一个字母（在工艺品店找一个模板，使用平面模板刷以轻轻一点的方式将油漆点涂上去）。

■ 一些传统或复古的形状，如泪滴、圆圈、六边形等。

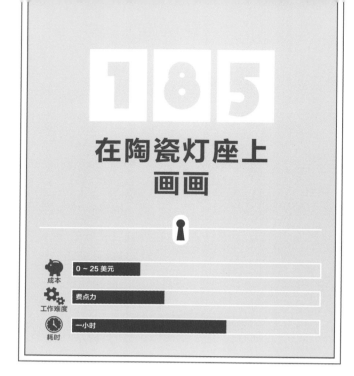

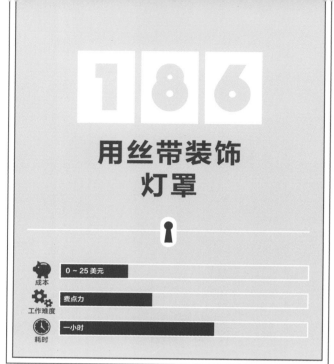

185 在陶瓷灯座上画画

成本 0～25美元

工作难度 费点力

耗时 一小时

拿起你的油漆笔（银色的、黑色的、白色的，什么颜色都可以）在普通的灯座上画一些画添加一些精细的纹理和趣味。什么样子都行，从粗糙的垂直线条到不规则的波浪形状甚至是许多联锁形状。我们用三福的白色油漆笔在上面随意地画了一些枝叶，用了大约 8 分钟。

> **注意：**
> 在灯座上正式画画之前，最好在纸上先练习画几种备选图案，这就是在压力真正到来之前掌握好技巧。

186 用丝带装饰灯罩

成本 0～25美元

工作难度 费点力

耗时 一小时

这项工作所需要的所有工具就是一盏台灯、足够绕在灯罩上沿和下沿的丝带，还有一个胶枪。

1. 买一些你想用的丝带（手头已经有一些那更好）。我们喜欢用明快的色调，如黑色、白色、海军蓝、石灰色，或巧克力色，搭配中性色的灯罩。

2. 用丝带包围灯罩的上边沿，保险起见留上 1 英寸出来，然后沿边缘剪掉多余的丝带。在灯罩下边沿重复此项操作。

3. 用胶枪把丝带紧贴在灯罩的上下两个边缘，确保上下两条丝带的接头处在灯罩的同一边（这样就可以将这一边面向墙放）。在接头或交叉处将丝带的末端折起来然后再用胶枪固定，这样边缘显得更整洁。

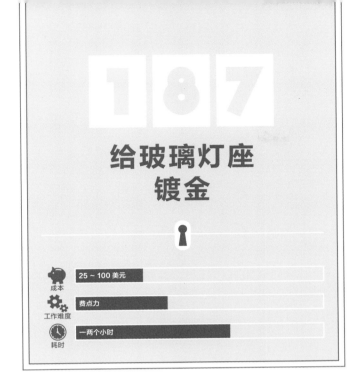

187

给玻璃灯座 镀金

成本 25 ~ 100 美元

工作难度 费点力

耗时 一两个小时

玻璃 + 金色 = 顶呱呱。你可能没有真正的金条在那儿等着被融化，所以下面就有一个退而求其次的方法。

1. 用金色的工艺漆和一个小漆刷在灯座的周围轻轻涂上适量的油漆，直到你在灯座上确定的一条水平线为止（我们用的是 Deco Art Dazzling Metallics 油漆里的 Glorious Gold 系列）。

2. 给灯座涂上一层均匀的、厚厚的漆衣之后（这可能是我们建议涂上厚漆层的唯一的一次），让它完全干燥。这个时候的灯座看起来可能非常糟糕，你会对这项工作是否有非凡的效果没有一点信心。我们记得很清楚当时我们也是这样。但是耐住性子，朋友。

3. 等第一道丑陋的漆衣干了以后，上第二道漆，仍然不要吝啬（涂上均匀的、厚厚的一层——当然不是吧嗒吧嗒朝下滴的那种，但我们也不想把它描述成薄薄的那种）。

4. 多等一段时间让第二层漆晾干，然后上第三道漆（我们总共给灯座上了三层厚厚的油漆，期间留给它充分的干燥时间，最终我们取得了一个闪闪发光的表层效果——那时我们变得很喜欢它，甚至觉得当初的担心真是没有必要）。

5. 只用 3 美元取得的改观看起来就像是花了 100 万美元才得来的，尽情享受这份荣耀吧！

将旧的门把手换成闪闪发光的新把手能使你的房子看起来焕然一新。去 Anthropologie 这样的专卖店甚至是废旧物品打捞站或旧货店找一些有特色有魅力的旋钮，来换掉一个古老年代的黄铜旋钮，这不仅能唤醒你的门，还能给整个房间增添光彩。我们曾经参观过一个房子，里面铺着乌木地板，每个房门上都配着大大的白色旋钮。深色的地板和光亮的白色旋钮搭配在一起的效果真是让人惊喜。谁会想到小小的旋钮竟能带来如此大的不同？它们就像优雅的小感叹号遍布整个房子。

188

换掉一两个门把手

189

举办一个
枕头交易

成本 免费

工作难度 不费力

耗时 一下午

请你的 5 位亲密朋友拿来他们不再喜欢的一两个色调的枕头，你们之间互相交换，直到每个人都有一个和原来不一样的枕头。这听起来很奇怪，但是我们就这样做了，很有意思。而且也是免费的，值得一试，不是吗？这一招也能用于灯、花瓶、艺术品和较大的东西，比如地毯和羽绒被。因此，如果你愿意，你可以举行一场与家有关的任何东西的交易盛宴。

除了展示结婚照片之外，**还有很多方法**可以将你们的感情体现在装饰品中。例如，你可以将你们婚礼的鸡尾酒会上的一块儿餐巾、一张你们度蜜月的地方的地图、或者你们第一次约会的餐厅菜单装框挂起来，你也可以将代表你们结婚周年（或另一个特殊时刻）的数字挂在框架墙上，或把它们用作压纸器放在书桌上。有时候做些多愁善感的事也挺好。

190

想想除了结婚照
还有什么

191

试试彩色的黑板漆

你现在可以在手工艺店、五金店、甚至在网上购买很多中色调的黑板漆，所以想买你喜欢的颜色是非常容易的。你可以在任何地方使用它，比如：

- 在镜框或相框上
- 在托盘上
- 在储物盒上
- 在花盆上
- 在一个镶板门上
- 在一面现有的你想改造的黑板上
- 很多其他你想用的地方

192

自己快速制作一批

这里有一个制作黑板漆小样品**的方法**（你得快速制作和使用，否则它会开始硬化的）。将任何颜色的一种测试油漆（我们用的是 Benjamin Moore 的 14 Carrots）和一汤匙从五金店买的无砂瓷砖混合浆液结合在一起，不断搅拌去除结块儿。用一个小泡沫工艺刷将你刚刚配制的混合物薄薄地、均匀地涂抹在物体上，也许有必要涂上很多薄层（你可以先给物体上底漆，这样更耐用）。等涂层变干变硬，再用 200 目的砂纸磨光，然后用粉笔的一面在物体整个表面上摩擦来加固漆层，最后用湿抹布将表面擦干净。

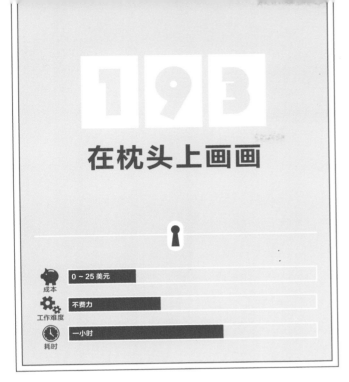

193

在枕头上画画

0 ~ 25 美元
成本

不费力
工作难度

一小时
耗时

在枕头上画画可能听起来实在有点……难以置信。但是如果你选择一种图案和颜色能提升一个无聊的旧枕头，这种效果看起来实际上很高端。我们用金色和白色在枕头上勾勒出不同大小的矩形，创造出一种我们真的很喜欢的几何图案。是的，我们承认起初我们也觉得这是可怕的，但结果证明那是可怕得令人兴奋，而不是可怕得令人恶心。

1. 随便找一个纯白色或单色枕头或枕套（我们这个在宜家卖7美元）。

2. 使用任何颜色的细尖头布用记号笔画出图形（你也可以使用三福的广告颜料笔，但是它可能是不可机洗的，因此建议污迹清洗）。

3. 为了确保不会渗流，在正式画画之前先在枕头上一个不显眼的地方测试一下记号笔。

4. 从多枝或多叶的图案到几何形状，甚至有机漩涡都可以画。你可能想要在废纸上先练习一下要画的图形，直到画得很满意再将它移到枕头上。

我画的线条并不完美，但那也是魅力所在

收藏让你快乐的东西

你喜爱的东西能给你的家添加如此多的味道。举个例子，如果你喜欢马，不要仅仅停留在照片上，尝试一下三维物体比如一个马蹄或一个马头状的书挡。如果你喜欢某个体育团队，找一个有关它们的古董印刷品或纪念品展示出来。如果你喜欢某个乐队，找一张它们的酷酷的演出海报或Ｔ恤剪成方形裱上框挂起来。或者将一部老式的拍立得照相机（或配有格式化图片应用程序的智能手机）带到音乐会上，用它照上一堆照片在墙上别成网格状。如果你喜欢旧汽车，找到有关她们的老式明信片，甚至一个酷酷的汽车零件，比如一个古老的方向盘，可以将它安装在墙上用来挂外套或狗链。

试管

罐头瓶

玻璃汽水瓶（Izze 牌汽水
的玻璃瓶子总是很迷人）

195

想想除了花瓶还有什么

当然，一个花瓶就可以了，但是为什么不把鲜花放在别的东西里呢？

一个旧的陶瓷牛仔靴（我们
在旧货店发现了它）

一个旧罐头

酒瓶（可以用粗麻布、
丝带、或织物包装起来）

196

根据季节进行简单的改变

把彩色的亚麻或棉布沙发罩换成一个大大的仿皮草的毯子完全可以使你的房子暖和起来或凉爽下来，以此为房子定下基调。这里有一些你可以变换的其他东西，来营造一种季节性的味道。

■ **艺术品和他后面的垫子**。如果垫子在春天、夏天和秋天时一直是白色的，那么大大的、气派的红色垫子可以为节日增添喜庆气氛。

■ **蜡烛**。某些气味带有很强的季节性特点，像春天的亚麻或水仙、夏天的菠萝和西瓜、秋天的南瓜或蔓越莓、冬天的云杉或姜饼。

■ **桌上的长条饰布或餐巾布**。春天时换成淡淡的亚麻色；夏天时换成日光黄色，或者有大大的、生动的花朵图案；秋天时换成黄麻制的或者金麒麟色；冬天时换成白色、宝石红，或石灰绿色。

■ **枕头**。任何明亮的、生气勃勃的颜色都适合春天和夏天，而琥珀色、金色和巧克力色可能带着秋意，毛茸茸的马海毛和天鹅绒质地的枕头是冬天的证明。

这些杂物每个都是我们花 1 美元买到的（在旧货店或 Target 里的 1 元商品区），用带有内置底漆的有光泽的白色喷漆给它们喷上几层薄薄的漆衣（我们用的喷漆是 Rust-Oleum Universal），创造一种新鲜的陶瓷式外观。

197

给物品添加陶瓷式外观

在第 134 页能看见放在书架上的成品

一些简单的事情，比如轮番变换你家相框中的私人照片可以给你那个季节的心情。海滩上的照片在夏季摆出来很不错，而过去的滑雪照片或圣诞节照片在冬季能派上用场。为了便于存放，在相框中只保留每个季节的一张照片（放在正在展示的那一张后面）。那样的话，你不用到处寻找就可以容易地切换它们。

198

随季节变换
家庭照片

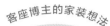

妮可的简单的花瓶升级方法

客座博主的家装想法

博主：
妮可·鲍尔奇
博客：
使它变得可爱起来（www.makingitlovely.com）
地址：
美国伊利诺伊州的橡树公园
最喜欢的颜色组合：
粉色 + 金色
最喜欢的图案：
奔放的印花
最喜欢使用的工具：
五位一体的绘图工具

我需要送给朋友一个纯白色花瓶，所以我有了一个想法：用纸给一个玻璃花瓶增加线条。我相信把白色的纸换成不同的颜色和图案应该更有趣，于是我制定了这项改造的工作方案。

备件：

■ 简单的、直边透明的玻璃花瓶

■ 一大张装饰用纸

■ 铅笔

■ 剪刀

■ 胶带

■ 适合装在里面的较小的花瓶、容器或玻璃杯（用来装水，如果要用它来放鲜花）

1. **描画花瓶的轮廓**。我将花瓶侧放在纸的顶边上，然后一边滚动花瓶一边沿着顶边描画。接着轮到纸的底边。我一边将花瓶朝回滚动一边沿着底边描画。

2. **剪裁纸张**。按照刚刚画出来的线条，我剪出了纸质模板，将它放进花瓶里检查是否合适。

3. **修剪**。我剪出来的模板有点太高了，所以我就沿着花瓶的上缘描画（到纸质模板上），然后按照这个标记剪掉多余的部分。

4. **粘贴到位**。即那个模板大小修剪合适之后，我又将纸放回花瓶里，然后用胶带沿着里面的缝隙将模板固定在花瓶里。

5. **装上漂亮的东西**。最后，我将一个较小的花瓶放在里面，这样能装水再配上鲜花！

令我高兴的是，这项小小的工作操作起来既快又简单，同时也十分省钱。花瓶里面放着一个和树干一样漂亮的容器真的很美，当然，也是因为这是自己的杰作！

聚会

关于家中宴请用品的想法

雪莉说

唯一能称之为最雄心勃勃的娱乐方面的工作实际上就是我们在自家后院举办了我们的婚礼,并决定亲自做几乎所有的事情(是的,甚至食物,我们事先制作了大量的食物,并召集家人来帮忙操控烤架制作美味的蓝纹乳酪汉堡和鸡肉苹果香肠)。我们甚至说服约翰的表弟和好朋友为我们主持婚礼。直到今天我们还是不知道是什么支配着我们做了那件事,因为在那之前我们一次性宴请的最多人数是 5 个(通常都是订做比萨或者做一大碗意大利面条就完事儿了)。但是有什么东西支配着我们,使我们非常渴望将在我们后院庆祝的大日子转变成一种有个性的、值得纪念的、特殊的、甜蜜的东西。要做的准备工作本来可能会紧张得吓人,可我们试着每次一天只干一项工作(这是一个后来证明非常有价值的技巧,那就是当我们开始开拓有关家装的博客之旅的时候)。于是,首先我们把重点放在寻找颜色设计方面的灵感上,奇怪的是,这个灵感竟然来自于我们在 Target 看见的一张封面上有柠檬和酸橙图案的餐巾纸。

那个"餐巾起点"使我们有了一个想法：在柱形花瓶里装满新鲜的柠檬和酸橙，沿着桌子的长边摆满简单的祈祷蜡烛创造一种没有花朵参与的氛围。我们还设计了自己的邀请函，在卡片两边有小小的柠檬树装饰，一群小小的黄色蜜蜂围绕在树的周围。那种清新的夏季的感觉，甚至体现在我们所有桌子上挂的灯泡串儿上，和我用打折的面料做的、柔和的黄色编织长条地毯上。

那一天使我们懂得：即使是零经验的人也能轻松地举办派对，只要找到灵感，一些有趣的灵感会使你在脑子里蹦出其他的想法，之后你的思绪就像滚雪球一样连续不断。所以，只要记住将大任务分解成小块儿，避免太宽泛的工作。如果像我们这样的新手都能在自家后院举办一个 75 人的盛大聚会，那么任何人都能在他们的地盘上轻松对付一个小聚会，而不用紧张得直冒冷汗，忙得乱成一窝蜂。

我是在婚礼前两天买的这件裙子

啊，婚礼，在那个时候没有人会责怪你把你的脸放在所有东西上

沙子和一个圆柱蜡烛

开心果

福饼

200

6 个快速制作中心装饰物的想法

当谈到创造各种式样的简洁的、不会挡住脸的中心装饰品时，时尚的柱形或方形花瓶就有超级多的装饰功能。不到两分钟就可以在它们里面装上很多种东西，而且将它们沿着长方形餐桌的中心线放成一排显得简单而又别致（或者也可以将它们集中摆放在圆形餐桌的中间）。

面包棒或其他稍长的东西如冰糖

细绳团儿或线轴

新鲜水果（像青苹果、柠檬和酸橙、或橘子）

2 0 1

制作有个性的座位卡

从室外收集一些光滑的圆形石头，或者在装饰用品店买一袋礁石，通过添加标有每位客人的姓名首字母的贴纸制作印有字母的座位卡。或者如果你要举办一个迎婴聚会，可以给每块儿石头贴上带有快乐的或甜蜜的单词的贴纸。如果是圣诞节聚会，可以贴上带有一个雪花的贴纸。它们也可以作为小小的纪念品送给客人。字母只是一个开始。

小贴士
降一个等级

你也可以在一粒米上这样做，真的能震倒你的朋友们（开玩笑而已，那确实太难了）。

202

将气球带进室内

25 ~ 100 美元
成本

很简单
工作难度

一两个小时
耗时

没有什么能比漂浮在房间里的一堆氢气球更有节日气氛。为孩子的生日派对挑选好玩儿的彩色气球，为大人们的新年庆典挑选成熟的金色或白色气球。一些有柔和飘渺颜色的气球甚至可以用来做婚礼或迎婴会的背景。一堆黑色气球用在万圣节甚至是 40 岁生日聚会上会很有意思。

横幅和派对花彩有各种各样的形状和大小，可以为你的聚会添加很多氛围、兴奋和快乐的颜色。你可以用任何东西制作它们，如纸、布料或者在丝带或细绳上摇摆的气球。甚至薄棉纸做的彩球或用装饰纸串起来的桃心、圆圈或星星挂在房子周围也非常好看。把那些装饰品吊在窗帘棒上、壁炉上、窗台上或门口，这个方法能迅速为你的房子增添一些趣味。我们用字母贴纸、装饰纸、丝带和细绳制作了上面的三个派对装饰物。

203
制作喜庆的宴会花彩

204

把镜子或图框变成托盘

🐷 成本	免费	
⚙️ 工作难度	很简单	
⏰ 耗时	10 分钟	

如果你急需一个托盘但又没时间出去买，你可以使用镜子或一个大图框代替一下。许多豪华的度假胜地都用镜子和装上框架的玻璃托盘为游客服务，所以没必要为你这种做法感到不好意思！

1. 将客人不会进入的房间，如卧室里的镜子或图框抓下来。

2. 把镜面或图框上的玻璃擦干净，然后摆放在咖啡桌上，上面放上装有什锦小吃的小碗或碟子。

3. 为这个帮你避免在派对上出错的神奇想法表示惊叹吧！

小贴士
隐藏你的淋浴垫

是不是有一群朋友要来你家聚会呢？把卫生间里的淋浴垫藏进洗衣篮里，这样房间立即会显得更大更干净，也不会使客人在它上面乱踩（那样垫子就会变得又脏又毛糙，这对你的卫生间没有一点好处）。

当然**不用**在你举办的每一次聚会上都需要准备它们，但是你可能想在房子里四处看看，寻找一些便宜的小东西留在客人的盘子里作为让他们带回家的小纪念品。没必要是昂贵的东西，可以放一些小饰品、一个小花瓶里面插上一枝花或者院子里的一个小嫩枝、或者一颗单独包装的糖果。你甚至可以再调皮些（在每个人的盘子里放一些聪明豆或一个毕业晚会上用的餐巾）。这点额外的体贴不会让你多费周折，还会赢得大家的称赞。

205

添加额外的小礼品

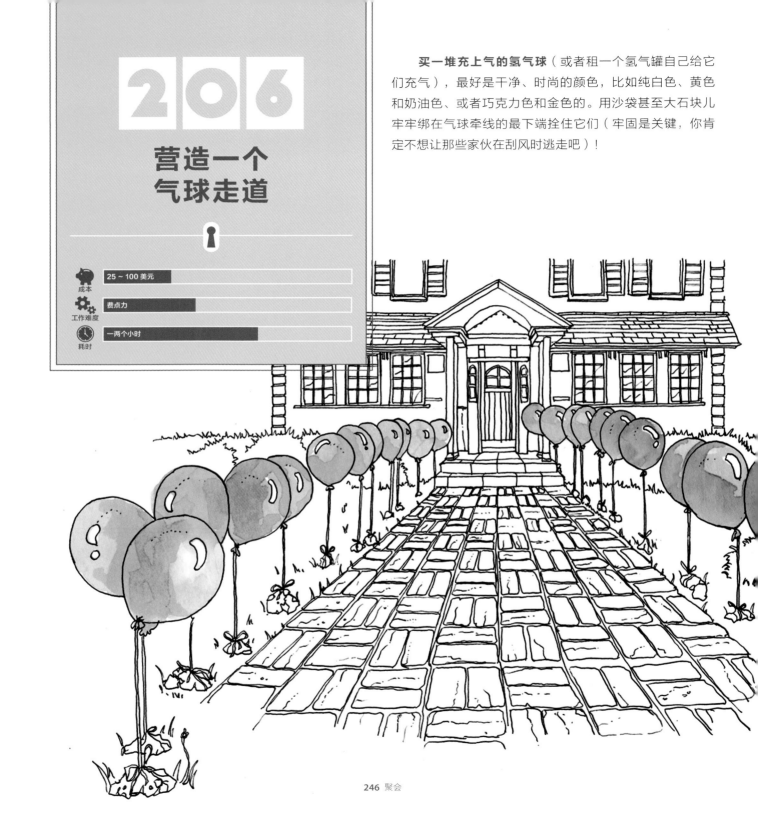

206

营造一个
气球走道

成本 25 ~ 100 美元

工作难度 费点力

耗时 一两个小时

买一堆充上气的氢气球（或者租一个氢气罐自己给它们充气），最好是干净、时尚的颜色，比如纯白色、黄色和奶油色、或者巧克力色和金色的。用沙袋甚至大石块儿牢牢绑在气球牵线的最下端拴住它们（牢固是关键，你肯定不想让那些家伙在刮风时逃走吧）！

艾比的可爱的中心装饰品

客座博主的家装想法

博主：

艾比拉森

博客：

把我打扮得漂亮些（www.stylemepretty.com）

地址：

美国马萨诸塞州的波士顿

最喜欢的 DIY 伙伴：

艾琳

房子里最喜欢的房间：

我女儿的卧室

最喜欢的装饰房间的方法：

粉色花朵

我一直在寻找一些漂亮的东西给婚礼上的装饰增添凝聚力和个性化特征，同时又不会花费太大的成本。如果有一种方法对在家（或日常饭桌上）举行的派对也有用，那就更好了。

备件：

■ 收藏的花瓶、容器和玻璃制品（我用的是闲置的果汁瓶和多年前花草销售商送来的花瓶）

■ 喷底漆

■ 有光泽的白色喷漆

■ Classic Gold 系列的 Liquid Leaf 油漆

■ 特百惠保鲜盒或碗

■ 漆刷

1. 喷底漆。首先，给花瓶轻轻地喷上底漆，我喷了两层，大概 12 英寸的高度，喷完一层后隔上大约 20 分钟再喷第二层。

2. 给花瓶喷上白漆。我喷了薄薄的三层，大概 12 英寸高，每喷一层等待 30 分钟的干燥时间。轻轻地喷比喷得太重能看见油漆滴落下来的线条要更好些。对于透明的玻璃容器，可能需要再喷一层。

3. "镀金"。将金色的 Liquid Leaf 液体漆倒进一个特百惠保鲜盒里，盒子要足够大能将花瓶瓶口伸进去。用一个中等大小的漆刷给花瓶的里面也涂上漆。我从瓶底开始然后慢慢往上刷。如果你将油漆涂得过多了，它也是很宽容的，油漆流下来或滴落的印迹刚好增添了手工制作的魅力。

4. 浸泡。轻轻将花瓶的瓶口部分进入特百惠盒子里的液体油漆中，转动花瓶使瓶口部分染上随意的、不均匀的油漆。绝对没有必要看起来完美无缺，你要的就是手工制作的魅力和一种惬意的、随意的样子。

5. **晾干**。将花瓶底儿朝上拿一两分钟，时间长短取决于花瓶的大小和使用的金色油漆的多少。这样做能避免把花瓶放正时油漆滴从花瓶瓶口顺着花瓶流下来。在投入使用之前要确保油漆完全干燥（花瓶晾上一个小时油漆就会变干，但我在用它们装上水和花之前让它们晾了整整一晚上）。如果你担心水会泡湿你在花瓶里面刷上的油漆，可以在里面再放一个较小的花瓶，这样就会保证油漆是干燥的。

　　现在就完成了！一组不搭调的、自己制作的花瓶散发着手工制作的魅力和新鲜感，和你在商店里的价格不菲的花瓶一样漂亮。在这些漂亮的瓶子里装上一些可爱的东西，拿来摆放在桌子的中心位置装点宴会。你甚至可以将这种方法运用在装首饰的嵌套碗上。

208

给饮料罐模印图案

在户外给客人提供饮料时，饮料盆总是很方便使用。你需要一个镀锌的金属盆或桶、一个模板和一些外用的乳胶漆。尝试用一些简单的标记如"柠檬汁"或一个图标（用柠檬代表柠檬汁、葡萄代表红酒等）。用胶带将模板固定在干净的桶面上，用一个泡沫喷码刷在模板上轻轻点上一层均匀的乳胶漆，等油漆晾干之后在桶面的其他地方重复刚才的操作。现在就去办一个聚会吧，你刚刚印上标记的饮料桶就能派上用场了。

209

为客人准备一张空余的床

我们都知道要留某位客人在家里待几天并把客人招待好是很挑战的事。确保你的客房是舒适的、方便客人居住的一个方法就是你自己在那个房间睡一个晚上，看看还缺少什么。比如，你可能发现客房里没有地方放水杯或给手机充电。这里还有一些方面值得注意：

■ 有没有地方让客人放箱子或包？

■ 有没有遮阳板、百叶窗或窗帘能在第二天清晨阻挡光线射进房间？

■ 有没有地方挂东西（即使只是门后面挂毛巾的一个墙钩或挂裙子的一个衣架）？

■ 有没有镜子在早晨露面儿之前检查一下自己的头发是否蓬乱（可以是一个挂在墙上的也可以是放在桌子上的）？

■ 有没有一些娱乐性的东西可看（比如，一本解析梦境或星座预示的奇异的书、一本新出的杂志里面有客人喜欢的东西、或者一个相册里面有客人们的照片或你们都认识的朋友的照片）？

210

制作有趣的饮料或鸡尾酒用的冰块儿

只需在冷冻之前，在冰盒里的水中添加小薄荷叶或者树莓。你可以找一些样子酷酷的方形冰盒（或者其他时髦的样式，如长圆柱形）代替一般的冰盒。

211

制作自由形式的桌面饰布

成本 0 ~ 25 美元

工作难度 费点力

耗时 一小时

桌面饰布不一定必须是一块儿完整的纯色布料，也可以制作一个有趣的、喜庆的饰布。将彩色的薄棉纸剪成六边形或长方条，像五彩纸屑一样沿着桌子中心洒下来，或者将它堆放在玻璃飓风里聚在一起作为悦目的中心装饰物。

小贴士
其他招数

其他一些用来做桌面饰布的自由形式还可以选择玉米糖、丝带、薄荷糖果，或者剩下的油漆色板。

212

找一个出发点

你要办一个季节性派对而且想美化你的餐桌或快餐柜台吗？ 有时候只要找到一个出发点就能知道接下来该怎么做了。你的脑海里可能会蹦出一个古怪的想法，为复活节聚会做准备时，可以将陶瓷动物园沿着桌子的中间摆放（这个想法可能会促使你去 Goodwill 找一些小鸟、兔子、鹿和其他的动物雕像，然后给它们喷上复活节的颜色像菜叶色和浅粉色）。另外一个装饰的出发点可能只是一个你现有的漂亮的季节性的桌面饰布，或者是你想制作的一道菜（石榴宾治可能会点燃一个食物、饮料、甚至装饰品的红色主题）。只要确定一个能给你启发的图像或物品，你就能行动起来。

我有空参加所有的宴会，只要有东西吃

粉刷

有关涂漆的想法

约翰说

我确定我们不是唯一经历过这种现象的人：在白墙的宿舍住过几年，接着又在白墙的公寓租住过几年，时间一长，要给那该死的墙壁涂漆的这种渴望、这种需求、这种强烈的欲望愈演愈烈，直到有一天你感觉就要爆发出来。这种想象确实发生在我们身上。这种郁积在心里的没有油漆的郁闷和这种要爆发的欲望。我们的第一所房子里不是迸发出了各种各样的颜色吗？这种因为终于有了属于自己的房子，可以自由地将任何墙壁漆成任何颜色的兴奋感支配着我们。我们的原话是这样的：

雪莉："餐厅应该是蓝色的吗？我们漆成青绿色吧！"

我："好的。休息室可能是亮黄色吧？"

雪莉："当然！哦，客厅可能是绿色的！对，薄荷绿！"

就好像我们要覆盖整个光谱达到颜色的限额。于是，卧室成了蓝色的，客厅成了薄荷绿色的，休息室成了亮黄色的，餐厅成了青绿色的，卫生间也成了那个颜色的等。我们当时非常激动。

然后我们开始注意到一些其他的房子并没有漆成万花筒般的颜色。实际上，我们参观的朋友家所有的房间都漆成了一样的颜色。我们的第一反应就是"多局限呀！那样岂不很乏味吗？"。

后来我们参观了一些很棒的、堪称装修典范的当地的家庭想找点装修方面的启发，直到那个时候我们脑子里开始有了一些想法。他们的墙壁颜色并不是每个房间都一样，但是联系得很紧密，这使他们的房子感觉起来更有凝聚力，而且令我们惊讶的是，好像也更大了。

我们原以为使小房子看起来更大一些的关键，在于要想办法展示出你有多少房间（我们会说，"你看，色轮中

每一块儿颜色，我都有一个房间与它相对！"）。但是后来我们明白了：一个房子显得更大的时候是在你去除了千变万化而又不连贯的东西，用颜色将所有房间统一起来的时候，然而又没必要依靠单调乏味的颜色。

所以，在搬进房子不到一年的时间里，我们又重新粉刷了几乎所有的房间，我们选择了一致的色调，里面又掺杂了轻微变化的蓝色、奶油色、棕黄色、绿色，甚至一点巧克力色。有点像太阳镜＋沙子＋海洋＋一个大大的、舒服的巧克力色沙滩毛巾。我们甚至还设计了天蓝色的天花板、阳光室里有印花的地板、卫生间里精巧的水平条纹，还有许多其他的能增添趣味的、与油漆有关的格调。我们的 1300 平方英尺的房子顿时感觉大了好多。而我们，丢掉了那些绘儿乐盒子一般的五花八门的颜色，最后终于有了家的感觉。

我们搬进第二个房子的时候，直接选择了更大胆的颜色（深水鸭色！快乐的黄绿色！石板蓝！石灰色！），但是这一次我们知道关键是质量而不是数量（也就是说，并不是 10 个敌对的亮色待在一起，而是将每种颜色分配属于它的房间），而且用浅灰色、白色和木炭色来缓和调色板上的亮色就可以起到刚柔并济的效果。哦，快乐的一天，的确如此！

看看那张脸，是如此痴迷于给任何东西涂漆

这张照片里的房间错误百出

我还是比较喜欢这种颜色

漆刷还是漆辊

在考虑是用漆刷还是漆辊吗？ 在这个问题上有很多不同的想法。这是我们的看法：我们喜欢使用传统的 8 英寸漆辊来油漆大面积区域，比如墙壁和天花板；小泡沫辊用来漆柜子、大多数的家具、室内或室外的门（它们蘸上的油漆较少，而且比用来刷墙的大漆辊更容易控制）。我们还依赖高质量的两英寸斜角漆刷对付那些难以进入的裂缝和角落（从切割到涂漆装饰）。

当然，你不能忘了用喷底漆和喷漆来漆小物品，比如灯座、凳子、相框。我们不推荐将喷漆用于较大的物品，如桌子或床头柜之类的东西，因为大多数新手通常会很好地利用泡沫辊或漆刷给物品涂上薄薄的、均匀的漆层，能取得油漆滴漏较少、效果更持久的结果（老手们总会使用喷枪给大物件上漆，但初学者这样做结果可能会造成总是黏糊糊的糟糕局面）。事实上，我们从经过实践检验的辊刷公式中受益匪浅。每当我们重漆家具时，相比喷枪，它仍然是我们的首选方法。

克服油漆恐惧症

说要给墙壁涂漆，会不会感到很恐惧？没关系。这是完全正常的，100%可治愈的。只用选一个颜色试一试。真的，就这么简单。如果觉得喷的不好，可以重来。反之，如果你从不尝试任何事情，那么你发现完美色调的可能性就会越来越小；而自然就会产生相反的结果，如果你不再支支吾吾、磨磨叽叽，而是直接拿起漆刷。哦，等会儿，这是操练步骤：

1. 决定从沙发上站起来，开始行动。即使你会紧张，至少你正在做一件事情，而不是冻结在优柔寡断之中。

2. 将一批油漆色板带回家，用胶带粘贴在你要粉刷的房间墙壁上。在实地对漆色做出评估会避免人们在商店而不是在自己家里（这两处的照明效果是截然不同的）挑选自己最喜欢的颜色时，会出现的所得非所见的现象。

3. 将所有色板贴在墙上以后，后退一步，看看你的想法。有时当被挂在一个垂直面上而不是水平放在桌面上或你的手里时，一般色板会发生变化。因为你要粉刷墙壁，看看这个颜色就放在那个墙面上会有怎样的效果，这样做总是很有帮助的。

4. 试着对色板之间进行仔细对比。相对于单独看一种颜色，这种做法能帮你去掉一些"太红"、"太深"或"太浅"的颜色。

5. 一定要在一天中的各个时间段检查你挑选的色板，确认你在白天时最喜欢的颜色不会在晚上变得怪异、丑陋（这种情况经常发生）。

6. 许多涂料公司只收取少量费用提供较大的色板，这样你就会有海报那么大一块儿油漆颜色放在墙上，帮你做出更准确的评估。你也可以买一点儿样板漆在墙上涂出一个大大的方形区域（涂上两层薄薄的、均匀的漆衣），在正式使用之前确定一下那就是你喜欢的颜色。

7. 该正式涂漆了！你已经考虑了很多颜色、测试了你最喜欢的颜色、又挑选出了最合适的那个。现在就向油漆店进发，去买上一大桶油漆，把它刷在墙上吧。油漆最棒的地方是它不是永久性的，实际上它是一种你可以犯的最便宜的"错误"，因为如果结果令你不满意，只用花25～50美元就能再买一加仑重新涂。不过往往完成上面的步骤后你是不会再返工的。

油漆肯定没有猫可怕！

可以给任何
家具涂漆

从这里开始

成本 25 ~ 100 美元

工作难度 费点力

耗时 一个周末

一旦你拿下了涂漆的技巧，要改造家具时你就不会有任何困难了。我们可以想象油漆可以带来多少不同，而你现在完全明白了，对吗？所以，留出几个晚上或一个周末的时间做做漆活儿吧，毕竟现在给头发上色还是很流行的！

1. 把家具挪到房子的任何地方，这样做可能会使那个地方变乱，比如车库、地下室、或者房间里清理出来的一个角落。用湿抹布把家具上的灰尘或污垢擦干净。

2. 如果家具表面现有一层抛光剂（就是摸上去很光滑），你可能想把它打磨一下，这样会更耐用。拿来粗砂纸打磨家具的整个表面（在大面积的地方可以尝试用棕榈砂光机）。不想给物体染色，你不用完全去除家具上以前的涂料，但是得将它磨糙这样底漆和涂料才能牢牢附在家具表面上。

3. 用小漆刷对付角落和缝隙，用较大的泡沫辊对付大面积的地方（用刷子涂过的地方也过一遍会显得更光滑）。以这个为指导原则，先给家具涂上一层薄薄的、能遮盖污点的底漆。在这个步骤上，不要担心底漆覆盖面看起来参差不齐，因为底漆看起来总是不均匀的。只要确保物体表面没有成滴的油漆，且漆层薄而一致就行。

4. 等底漆干了（在漆罐的使用说明上查看干燥时间），用相同的方法给家具涂上两到三层缎光或半光的乳胶漆。确保漆层（你猜对了）薄而均匀。要等每层漆完全干燥以后再涂下一层。在漆罐上查看你应该等多长时间。我们用的是 Benjamin Moore 的 Wasabi。

5. 如果你的家具要经常使用或遇到水分（比如，在餐厅或厨房），给它再涂上两层薄薄的水性密封胶可以增加很多耐用性（有些水性密封胶时间一久可能发黄，所以我们喜欢用有光泽的水性 Minwax Polycrylic Protective Finish 产品，在任何家装商店都能买到，或 Safecoat Acrylacq，无挥发性、无毒，还有生态精品店或网上出售的超级环保产品）。

6. 我们知道你迫不及待想去享受你更新后的家具，但一定要等待至少 72 小时之后才能使用它或将任何东西放在它上面。你肯定不想在涂完油漆之后又让什么东西粘在上面留下印迹！如果家具在你上完漆好几天以后还是黏黏的，就将它放在阳光下（可以加速油漆固化时间），甚至洒一些婴儿爽身粉来吸收黏液（最好等待至少一周的时间来确保它不再受油漆或聚氨酯的困扰）。

注意：
登录 younghouselove.com/book 获取更多建议。

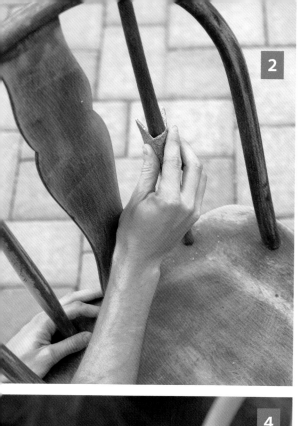

2

4

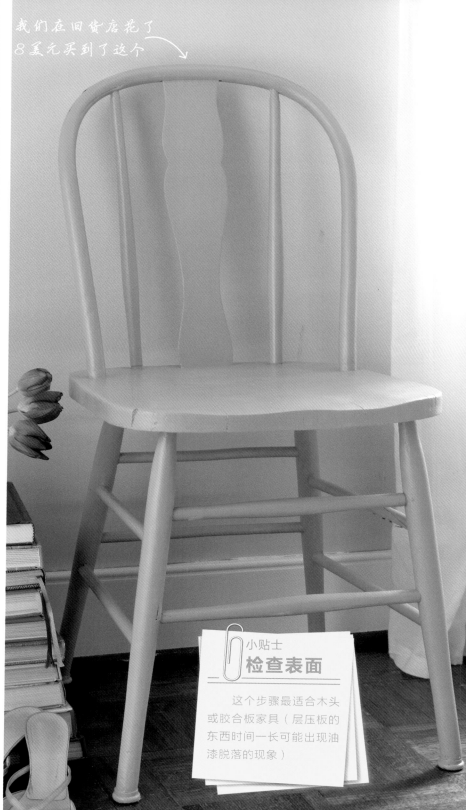

我们在回货店花了
8美元买到了这个

小贴士
检查表面

这个步骤最适合木头
或胶合板家具（层压板的
东西时间一长可能出现油
漆脱落的现象）

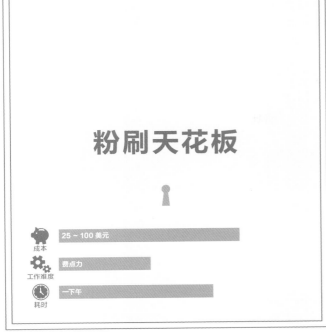

粉刷天花板

成本 25 ~ 100 美元

工作难度 费点力

耗时 一下午

放下这本书，找一个有白色天花板的、还可以更特别的房间，然后选择一个柔和的让你快乐的颜色（粉红色、浅蓝色或比墙壁颜色更淡一点的颜色）。不要担心油漆天花板会让房间感觉低矮、黑暗或幽闭，只要是浅色调都会给房间添加趣味而不是压抑感（我们建议选择油漆芯片上最浅的色板用胶带将它贴在天花板上，先看看效果如何）。一些专家甚至认为，色调柔和的天花板实际上会让房间感觉更高，因为它比光秃秃的白色天花板更和谐，而且不会那么咄咄逼人（后者似乎更接近地面，因为它更扎眼且对比度更高）。花 50 美元、用几个小时创造一个看起来更高耸的天花板也不错。

1. 用涂漆和胶带将墙壁上端区域或顶冠饰条密封起来。

2. 把家具挪到房间的周边，用罩单把它连同地板一起盖上。

3. 用漆辊给天花板涂漆（用杠杆延伸器会更容易些），遇到漆辊进不去的角落可以使用 2 英寸的斜角刷。平整的乳胶漆最适合天花板（它能遮盖缺陷）。

一个柔和的黄绿色天花板使冷冰冰的蓝灰色墙壁温暖起来

在墙壁上模印图案

成本　25 ～ 100 美元

工作难度　费点力

耗时　一天或一个周末

您可能想要模印一面重点墙壁或一个小角落，或直接大胆地模印整个房间的墙壁。如果你想要细微地添加一些纹理，可以选择低对比度的颜色（试试奶油色墙壁上白色的印花、深咖啡色墙壁上的棕褐色印花、浅灰色墙壁上的灰色印花、海军蓝色墙壁上的蓝灰色印花，等等）。我们的墙壁上用的是 Decorators White，上面的印花用的是 Ashen Tan，它们都是本杰明·摩尔的产品。与此同时，对比度更高的颜色搭配可以取得一种戏剧性的效果（如，巧克力色上的奶油色印花，或海军蓝色上的淡青蓝色印花）。这里有一些我们一路学来的镂花模印技巧。

■ 找一个房间或一面墙来在上面进行镂花模印，将可能会沾上油漆的地毯、窗户装置、艺术品和其他家具从这个地方挪走。

■ 我们有幸使用了 Michaels 的 Martha Stewart Crafts Stencil Adhesive Spray，在将镂花模板用胶带粘在墙上之前，将这种胶粘剂喷在它的背面，这能使模板的中间部分

紧贴在墙上，使模印出来的线条清晰美观。你应该能够将模板重新定位两到三次，然后需要重新给它喷上那种胶粘剂。

■ 在你给木板背面喷胶粘剂时，可能需要将它放在一块儿大纸板或一块儿布上（这样就不会将粘黏物弄得满地都是），或者可以在外面喷。

■ 从墙壁顶部的中间开始模印，然后向周围展开，这样可以将图案保持在中心位置。

■ 我们用涂漆和胶带把模板粘贴在墙壁的上部、底部和两边，在你移动模板时，这种胶带不会将油漆一并扯掉（尽管看上去可能会）。

■ 用于光滑表面的小泡沫辊不会蘸上过多油漆，会取得干净整洁的效果。

■ 如果你担心有一点油漆沾在模板的后面了，重新在墙上定位模板之前，用一块儿干抹布或纸巾擦拭它的背面除掉散落的油漆。

注意:

登录 younghouselove.com/book 获取更多建议和免费赠送的有关模印的幕后花絮录像。

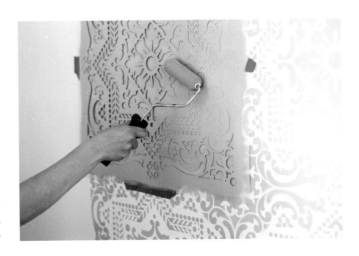

小贴士
你也可以走"有光泽"的路线

　　想要一种更微妙的深浅同色的效果,同时又具有迷人的魅力和光泽,那就选择与你那无光泽或稍带光泽的墙壁同样色调的半光漆或高光漆。这样的话,模印出来的图案会捕捉光线,看起来既美观又豪华(再者,你也不需要花几个小时折磨在"怎样才是最完美的漆色搭配"这个问题上了)。

在你的周围寻找颜色的灵感

你可以从最喜欢的衣服、书的封面、令人垂涎的艺术作品、漂亮的蜡烛包装或者其他任何吸引你的东西身上寻找灵感，来确定整个房间的颜色设计方案。一个经得起检验的方法就是首先找一个自己很喜欢的颜色组合，你可以将那个物品用作选择油漆色板时的备忘单。

这条围巾能让你联想到蓝色的墙壁、橙色的床具和粉红色的床头灯

所有颜色都是百色熊的产品

这些蜡烛会让你联想
到灰色的墙壁、海军
蓝色的沙发和颜色大
胆的绿色大衣橱
所有颜色都是本杰明·摩尔的产品

绿　灰　蓝

这些餐具会让你联想到
欢快的黄色墙壁、配上
一张巧克力色的餐桌和
一幅大大的蓝色油画

蓝色

咖啡色

柠檬黄

所有颜色都是威士伯公
司的产品

从这里开始

在书桌或梳妆台上画几何图案

成本 **25 ~ 100 美元**

工作难度 **很费力**

耗时 **一个周末**

这个中世纪的书桌是从回货店花 10 美元买来的

精美的木制家具是极好的，我们房子里到处都是。但不可否认有几件涂过漆的家具放在屋子里会给单一的色调增添趣味性和复杂性——尤其是再加上一个酷酷的图案或细饰就更有提升效果了。

1. 按照第 257 页的家具涂漆指南第 1 ~ 3 条操作。

2. 给家具上完底漆之后，用小泡沫辊给你要添加图案的区域涂上两层薄薄的、均匀地缎光或半光的乳胶漆。对于这个书桌，我们用 Benjamin Moore 的 Martini Olive 漆了每个抽屉的整个面板，然后在进行下一步之前让它充分干燥。

3. 用涂漆和胶带筹划出你要的图案（我们用 Frog Tape 避免渗漏）。

4. 垂直或水平条纹总是有趣大方的，但是我们切下了 $3^1/_2$ 英寸的胶带创造了一种网篮式的图案。你也可以不用胶带，画出一些更接近自然的图案（比如，波浪或绿叶），只要用铅笔轻轻地画出轮廓就行。

5. 对于那些胶带的使用：等你用胶带设计好图案并牢牢地将其按压下去之后，用一个小泡沫辊在整个桌子表面上涂两层薄薄的均匀地缎光漆或半光漆，油漆颜色使用一种对比色（我们用本杰明·摩尔的海军蓝色漆了抽屉面板上胶封以外的地方和桌子的其余表面）。我们建议趁着底儿道漆没干之前就把胶带扯下来，这样出来的线条最整洁（如果那对你来说太可怕不敢做，你也可以在油漆干燥之后撕下胶带，随后进行一些修补即可）。

6. 可选择：你可以用聚氨酯涂料将图案密封起来，作为对它额外的保护。我们喜欢使用 Safecoat 出售的一种低挥发性产品，名叫 Acrylacq，也可以用亮泽型的 water-based Minwax Polycrylic Protective Finish，因为这两种产品时间久了不太会发黄。

> **注意：**
> 登录 younghouselove.com/book 获取更多的建议和免费赠送的有关这项工作的幕后照片。

我们最喜欢的四种用于整个房子的调色板，选一种试试吧！

我喜欢的颜色组合不计其数，但是这里有几种我们最喜欢的组合，可以用于整个房子的颜色设计，能添加很多趣味而不会使无力的颜色看起来太多变，没有连贯性（这是一条敏感路线，每个人都会有不同的选择）。可以考虑将这些色调中的一些用于墙壁，另外的用于枕头、窗帘，甚至涂过漆的家具等，这样一来就会使屋里的房间在变化的同时又有种微妙的联系。目的就是想让整个屋子成为一个整体，但每个房间又不是完全一致的。所以，保留以下几种最喜欢的色调，同时从房间到房间添加不同的颜色、纹理和材料，可以增加情趣又能使每个房间有它自己的个性。

玛莎斯·图尔特品牌: Bay Leaf、Persimmon Red、Crevecoeur、Heath				
本杰明·摩尔品牌: Citron、Hibiscus、Baby Fern、Dragonfly				
本杰明·摩尔品牌: Hale Navy、Ashen Tan、Quiet Moments、Milano Red				
百色熊品牌: Gobi Desert、Hazelnut Cream、Celery Ice、Lime Light				

将你收集的一些树叶放在普通的麻布或棉布枕套上，喷上几层薄得不能再薄的喷漆，当你拿下叶子时，就会创造出一个酷酷的自然的图形。我们用的是在 Jo-Ann Fabric 花 5 美元买来的 Brite Yellow 颜色的 Simply Spray 喷漆，还有从宜家花 7 美元买来的枕套（喷漆晾干之后，枕套感觉起来和原来一样柔软）。你也可以用树叶在一块儿织物上模印图案，然后装上框展示出来，或者在一个罗马帘上也行。选择如此之多，你肯定抗拒不了使用免费绿色植物的诱惑。

用自然的东西来模印图案

总工作成本：12 美元

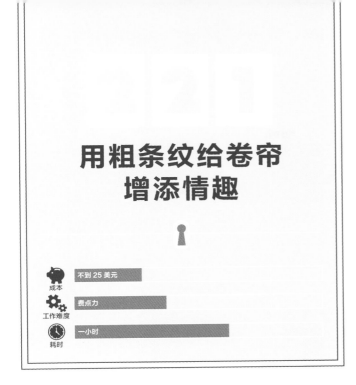

用粗条纹给卷帘
增添情趣

成本 不到 25 美元

工作难度 费点力

耗时 一小时

这项工作可能特别便宜，如果你已经有一个普通的下拉式卷帘（如果没有，可以去当地的家装中心买到，在那里他们可以免费为你裁剪卷帘的尺寸）。

1. 在一个平面上将卷帘展开。将它拉紧并固定在完全展开的位置。

2. 用尺子和涂漆、胶带测量并胶封出你喜欢的任何图案（我们的条纹宽 2.5 英寸，距离卷帘的边缘 1.5 英寸）。

3. 用一个小泡沫辊给卷帘涂上三层非常薄（你能说这是关键吗）的半光乳胶漆（我们用的是本杰明·摩尔的 Citron），这样可以避免漆层开裂和剥落。每层漆都要晾干之后再涂下一层。

4. 要等待 48 ~ 72 小时之后才能将卷帘挂起来。

像这样一个带点冒险的做法真的能给你的空间增加情趣。把你家的门窗贴脸和踢脚线看成一些各种各样的巨大图框。众所周知，有时候就是因为框架，艺术品才有了魅力。因此，尝试将所有这些门窗等的镶边漆成白色之外的颜色，作为对墙壁颜色的填补。比如说，一个白色的房间配上灰色的镶边（就像由图中的一样，我们用本杰明·摩尔的灰色油漆涂在了窗户的镶边上），或者一个海军蓝色的房间配上浅菜叶色的镶边，看起来显得很新颖。你也可以将镶边漆成和墙壁一样的颜色，但是要用高光的漆面修饰（例如，一个蓝灰色的房间配上高光泽的蓝灰色镶边）。真有意思呀！

对装饰嵌线做
一些出乎意料
的处理

我们用 3 美元
一罐的测试漆
使这个旧窗帘
变得鲜艳起来

10美元买3
罐测试漆就
能完成这项
工作

将书架后壁漆成
不同颜色

成本 不到 25 美元

工作难度 费点力

耗时 一下午

使用同种色调中的**不同颜色**或者将书柜后壁漆成好玩的彩虹效果确实能给整个房间增添活力。你甚至可以用 3 到 4 美元一罐的测试油漆来添加不同的色调。

1. 用铅笔沿着书柜后壁标出每层架子的顶端边线和底端边线。如果可能的话，将架子取下来。

2. 用一个小泡沫辊和一把两英寸的斜角刷（能进入角落里）给书柜后壁涂上一层薄薄的、均匀的能遮盖污迹的底漆，如果你需要铅笔线做引导，尽力不要将底漆刷在它上面。你可能需要把书柜后壁的四边胶封起来（包括架子，如果没把它们取下来），这样便于只将底漆和涂料刷在书柜后壁的面板上。

3. 底漆干后，用你为书柜后壁的每块儿区域挑选的不同颜色给它涂上两层薄薄的缎光或半光油漆（我们用的是本杰明·摩尔的 Wasabi， Exhale，和 Silhouette 三种色调）。像上底漆时一样，使用一个小泡沫辊和一把斜角刷操作这一步。

4. 让所有涂料充分干燥，然后如果你预先去掉了架子，就再把它们放回去。耶！干得好。

选择合适的油漆罩面

这里提出一些有关罩面漆的一般性建议，比如在天花板上使用平光涂料（隐藏缺陷），在门窗镶边上使用半光泽的涂料（很容易擦干净）。但在大多数情况下，罩面漆的选择属于个人喜好。所以就拿出点魄力来，或者如果你仍然不确定，可以向油漆销售商咨询各种油漆罩面的优点。

■ 平光的。它最适合用来遮盖缺陷，但是它比更有光泽的同伴更易磨损。它是最容易修补的，不用注意任何警示性要点。

■ 稍带光泽的。这是上升到亮光型的第一步，所以，这种油漆能形成一种更易擦拭的保护层，但是涂在墙上看起来仍然没有光泽。

■ 缎光的。这种漆的光泽稍微明显了，但还不是真正"有光泽"的。很多厌恶强光的人都喜欢把它用在卫生间和厨房里（它通常是适合那些房间的最低的光亮级别）。

■ 半光的。它用于卫生间、厨房和门窗镶边效果极好，因为很容易擦干净。它比光泽度较弱的同伴更难修补，但是耐受性很好。

■ 有光或高光的。这种油漆罩面能创造出最闪亮的类漆效果。它非常容易擦拭，且超级耐用，但是会使缺陷处暴漏无疑，也是最难修补的。

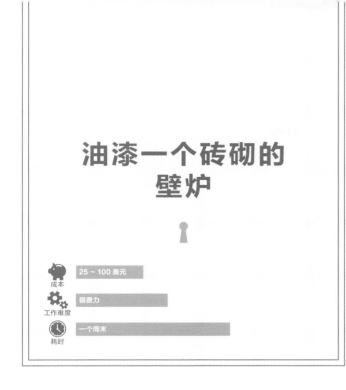

油漆一个砖砌的壁炉

成本 | 25 ~ 100 美元

工作难度 | 很费力

耗时 | 一个周末

如果有一个旧的砖砌壁炉使你的房间缺乏生趣（还有光线），我们很乐意把它粉刷一下。这无疑是一种个人偏好的事情,不过,如果你爱你的砖,难道你不敢拿起漆刷吗？

1. 用湿抹布把砖好好擦一下，去除上面的所有灰尘、蜘蛛网或烟尘。

2. 给砖面抹一层能遮盖污迹的底漆。如果你的砖面不是太粗糙，用细毛辊上漆可以取得很好的覆盖效果，但是建议用刷子进入所有的缝隙里。

3. 底漆干燥后，用同样的方法涂上两层带有你选择的罩面类型的乳胶漆（我们喜欢可擦洗的半光型罩面）。砖喜欢吸收油漆，所以你可能需要再抹一层，以确保完全覆盖。

4. 这是一个已经不用的壁炉，所以将燃烧室漆成木炭色是一个清理它的很好的方法。

我们很幸运（还是不幸运？）在第一个房子和现在的房子里都有木制镶板。所幸的就是只用刷上几层漆就使物品有所改观。

1. 用湿抹布清洁你的镶板，擦除它上面的灰尘、污垢、或可能潜伏在上面的油脂，然后用蘸有液体消光剂的湿抹布再擦拭一遍（我们喜欢 Crown 的 NEXT，它具有低挥发性并且可被生物降解），进一步消除污垢。

2. 使用漆辊给镶板涂上一层薄而均匀的、能遮盖污迹的底漆。对于那些漆辊够不着的接缝或边缘可以用一把短的斜角刷。别担心漆层不是完全平整的，底漆看起来就是不平整的，但只要你已经抹上了薄而均匀的漆层就干得不错。让所有东西完全干燥。

3. 使用相同的方法涂上两层薄而均匀的乳胶漆（我们喜欢稍带光泽的饰面）。

给木制镶板上漆

凯蒂的咖啡桌花样

客座博主的装修想法

博主:
凯蒂·鲍尔

博客:
鲍尔力量（www.bowerpowerblog.com）

地址:
美国佐治亚州的罗甘卫里

最喜欢的颜色组合:
海军蓝 + 白色 + 草绿色 = 简约精致的三重彩

最喜欢的图案:
白色和蓝色相间的条纹或圆点花纹

最喜欢的配件:
色彩大胆的抱枕

我们家客厅走的是海上风格，所以我真的想要一个适合这种格调的咖啡桌，但是它不能太珍贵，因为我有一个极具攻击性的小孩。当我在 Goodwill 看见一张旧方桌时，我就知道它的大小和形状就适合放在这个房间里，但是桌子上的木纹都走样了。我决定先用油漆对它进行一个迅速、简单的改观，然后就可以添加一些图案，创造一个供我们休闲娱乐的地方，这会使我们想起我们家最小的成员。

备件:

■ 底漆

■ 漆刷

■ 白色半光漆

■ 灰色半光漆

■ 小泡沫工艺刷

■ O 形工艺邮票

■ 150 目砂纸

■ 水性聚氨酯（可选）

1. **刷底漆和涂料。** 首先我给整个桌子上了底漆。底漆干燥后，我将桌腿刷成白色（Valspar 的亮白色做底子）和灰色（Krylon 的 Pewter Gray 做表面漆）。两层漆对你有好处，对我而言，再加一层是为了我那学步的孩子！

2. **压印图案。** 我用泡沫刷将 O 形工艺邮票漆成了桌腿上的那种白色（这会使压印出来的图案比较薄）。我用一张餐巾纸把工艺邮票包起来，然后直接在咖啡桌表面压印图案，是 "8" 的形状。我继续这样操作，直到整个桌面都被排列均匀的一行行 "8" 形图案覆盖（我的儿子威尔生在 4 月 8 号，所以这些图案是为他设计的）。

3. **风化。** 油漆干燥后，我用砂纸顺着一个方向把它轻轻打磨了一下。我是想让它有种经过风吹日晒的感觉，不是想将油漆全部去除。

4. **密封。** 这一步是可选择的，但是为了增加持久性，我又给桌面涂了几层薄薄的水性聚氨酯，将漆层密封起来。

我爱这个咖啡桌。它不仅填补了房间又增添了趣味。桌面上的图案使我想起了一串串的珍珠。那就是海里的，对吧？这些"8"代表了我儿子，同时这个桌子也为我们全家服务。要担心一个蹒跚学步的小孩在一件更纯朴的家具上做记号是如此痛苦，而我甚至都不用担心在这张桌子上用托盘，聚集在一起的圆环很和谐。

粉刷窗帘
（对，给它们上漆）

成本 不到 25 美元

工作难度 费点力

耗时 一个下午

听起来可能有点奇怪，但是普通的老式的乳胶漆涂在窗帘上可以增加很多戏剧效果（好的那种）。

1. 清洗窗帘，按照窗户的大小给窗帘镶边（我们用的是从宜家买来的廉价的 Ritva 牌窗帘，一个 12 美元）。

2. 将窗帘平铺在一块儿布上，从窗帘的一头到另一头等间距的用涂漆专用胶带贴出水平条纹（我们做出 6 个条纹，每个大概宽 12 英寸）。

3. 用织物滤材稀释油漆。我们使用的乳胶漆是在工艺品店买的 Folk Art 织物滤材稀释的（按照瓶体上的使用说明操作即可）。

4. 用一个小泡沫辊给每个条纹刷上两层薄薄的漆。我们交替使用了本杰明·摩尔的 Caliente 和 Berry Fizz 创造出鲜红与洋红交替出现的条纹。

5. 将最后一层漆一涂完就扯掉胶带，这样出来的线条最整洁。如果你愿意，可以在其他窗帘上重复操作。等油漆全部干燥后再挂上窗帘。

我们得承认，粉刷窗帘确实感觉很奇怪，即使对我们这种油漆的忠实粉丝来说

用大胆的色彩让房间充满生气

成本
25 ~ 100 美元

工作难度
费点力

耗时
一天

只是试一试。勇敢一些。这只是油漆！在墙上用一些大胆的颜色不一定会令人觉得疯狂或给人压迫感，特别是如果你用柔和的木材或中性颜色的家具平衡了色调，使它们不会互相冲突。大胆的颜色（我们使用本杰明·摩尔的"摩洛哥香料"）实际上可以创建一个非常舒适的和有包围感的空间。

在后面的五彩缤纷的墙的映衬下，这些东西看起来是多么的与众不同啊

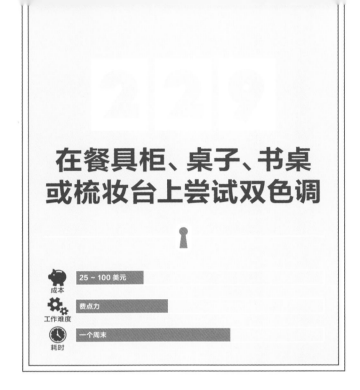

在餐具柜、桌子、书桌或梳妆台上尝试双色调

成本 25～100 美元

工作难度 费点力

耗时 一个周末

Gray Horse 漆成了灰色，将桌子的边框用 Decorators White 漆成了白色，都是本杰明·摩尔的产品。保留一些木头的本色只给桌面或抽屉面板涂上漆，这是另一个能取得双色效果的好办法。只要用涂漆专用胶带防止油漆沾到不想上漆的区域即可。

5. 可选择：再涂上两层薄而均匀的水性聚氨酯增加耐用性（有些配方的聚氨酯时间长了会发黄，所以我们喜欢用水性亮泽型的 Minwax Polycrylic Protective Finish 或者 Safecoat Acrylacq）。

6. 等油漆完全干燥后（我们一般至少等 72 小时）将桌上的配件重新安装回去。我们在将这些配件装回去之前给它们重新喷了一层油面青铜色的喷漆，更加显得焕然一新。

> **提示：**
> 登录 younghouselove.com/book 获取更多的相关建议，其中还有我们完成的另一件有双色效果的家具。

一件家具上有两种对比色会显得很亮丽。 所以如果你有一个深色的木质餐具柜，可以选择给它的表面涂上有光泽的白色漆， 或者将一个梳妆台漆成纯白色，再给它配上光滑的靛蓝色抽屉， 双色的外观效果很容易制作。

1. 将家具上的所有配件卸下来,这样有利于涂漆工作顺利进行。用湿抹布把家具擦干净,去除灰尘和油腻。

2. 用棕榈砂光机和粗砂纸把要上漆的地方轻轻打磨一下， 直到出现光泽即可，然后用抹布擦掉砂磨带来的灰尘。

3. 用一个小泡沫辊给家具涂上能遮盖污迹的底漆（用刷子对付角落和缝隙）。取下抽屉单独上漆会取得最整洁的效果。让底漆充分干燥。

4. 依照你喜欢的颜色，给需要粉刷的区域涂上两层薄而均匀的缎光或半光漆。我们将这张 15 美元的书桌的抽屉用

从这里开始 →

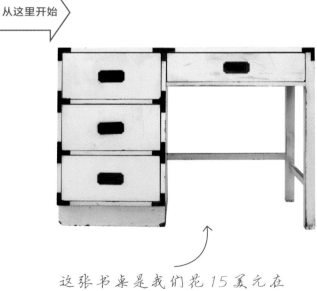

这张书桌是我们花 15 美元在克雷格列表网站上买的

漆出渐变效果

从这里开始

从这里开始

成本 不到 25 美元

工作难度 费点力

耗时 一个周末

小贴士
用短的

谈到刷漆，我们很喜欢用一个高质量短把儿的 2 英寸斜角刷来给角落或缝隙涂漆，也可以用它粉刷装饰嵌线和门窗的镶边。它能给你难以置信的操控效果，并且能毫不夸张地将粉刷镶边的时间节省一半。

将梳妆台的抽屉漆成从上到下渐变的色调棒极了，能给梳妆台增加不少魅力。只要是带有很多抽屉的家具就可以（我们在当地的旧货店买了这个便宜家伙）。然后你只需要买几罐单价为几美元的测试油漆就行了。颜色设计也很简单，只用买个油漆色板，上面的颜色种类至少要有家具上的抽屉数量那么多。是选择明亮俏皮的颜色还是沉闷低调的颜色，这完全取决于个人偏好（我们用了本杰明·摩尔的白色小精灵、灰色猫头鹰、海雾、沙漠黄昏杜兰戈，和魅力棕这些颜色）。你甚至在涂漆时不用将东西胶封起来，只要将抽屉从家具上取下来，去掉所有配件，将它竖直放在一块儿布上使抽屉面儿朝上，然后先给面板涂上一层薄薄的、能遮盖污迹的底漆，接着用小泡沫辊再刷两层薄而均匀的涂料。参看第 257 页有更多关于粉刷家具的建议。

6 罐测试漆
+1 件二手家
具 = 可爱

户外

室外装修想法

约翰说

室外面积有可能会吓人一跳。 实际上，我当初质疑我们买第一个房子的决定的一个主要原因就是房子外面的院子。院子太大了。好吧，也许没那么大（大概有 1 英亩，并没有国家森林公园那个规模。1 英亩 ≈ 4046.8 平方米），但是与我们住在曼哈顿时的院子比起来，这里就像是个小农场。雪莉（我们俩人中的梦想者和策划者）倒是发现了这个我们的周围这一片宽阔土地的潜能；而我，还是扮演一个唱反调的角色，一方面担心割草会很费劲儿，另一方面担心在修整时会破坏很多植被。显然，我们最终买下了那个房子，而我要被迫面对我们拥有的这一小块儿土地带给我的恐惧。情况还会更好一些吗？我的恐惧有一个最后期限：我们的婚礼。到那一天为止，我们有 14 个月的时间将那个满是灰尘的、将我们的房子遮挡在街道之外的、满地都是覆盖物、树叶和松针的林地（没错，我们接手了一个杂草丛生的林地作为前院）改造成一个布满绿树和青草的宽敞的迎宾之地。毫无压力，对吧？

所以我们雇了一个树木服务人员将那些威胁我们房子安全的位置不合适或已经死了的树木除掉。当然，这个做法带来了令人惊讶的效果，我们曾经很黑暗的房子一下子沐浴在自然光线之中，同时也使邻居们不再怀疑"那片树林后面真有一个房子吗？"但是这同时也给我们留下了一堆丑陋的落叶倒木。

那次的经历让我们知道了整理院子的活儿非常辛苦。我还清楚地记得那个本应该过得很悠闲的星期六，我和雪莉一块儿辛苦地耙呀、铲呀，用独轮手推车一车一车地把地上的覆盖物和松针运到我们房子后面的林子里。

到天黑为止，我们终于发现了原始的泥土。漂亮的、可以种草的泥土。接下来撒草种和浇水的活儿相比之下就像是在公园散步一样。当那块儿"绿色地毯"终于铺好的时候，我们便修整出了一个能自豪地用作"婚礼场地"的院子。

当然，那次并不是我们改造室外空间的最后一次尝试和胜利。但是它却证明了一个道理：只要有些耐心，流点儿汗（好吧，是很多汗水），室外空间也不一定如此可怕。现在你可以想象我伸出手臂，各种各样的鸟儿和林地生物栖息在我的手指上。

保罗布尼安（传说中的伐木巨人），你很羡慕吧

这个能证明我们实际上买的是一所房子（而不是一个树林）

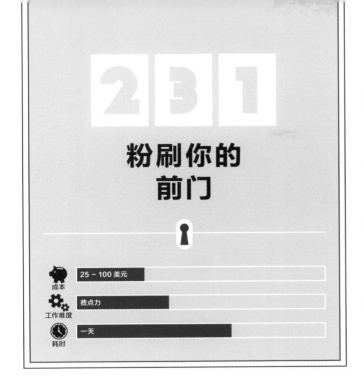

231

粉刷你的前门

成本 25 ~ 100 美元

工作难度 费点力

耗时 一天

给前门漆上鲜亮的颜色能使整个房子焕然一新，而且可以添加房子的外观魅力，总共花费不到 50 美元。我们喜爱明亮的红色门（比如，威士伯公司的令人难以置信的红色）。它的功能多得出奇——甚至还能和一个生锈的红砖外墙搭配在一起。欢快的水仙、黄色的门（如，威士伯公司的 Full Sun）也可以立刻增添魅力。或者尝试深茄子色的门、柔和的菜叶色或灰绿色，甚至是成熟的颜色像石板蓝、烟灰色或亮黑色。

1. 将油漆色板用胶带贴在门上（你肯定想在要上漆的真实表面看看颜色的效果），后退一步，在早晨、中午和太阳落山的晚上打开门灯这些一天中的各个时间段对色板上的颜色进行评估，这样你就能选出在一天的任何时间看起来都很美观的颜色，而且也能对房子的其他地方起到增补的作用。

2. 如果你是个油漆老手，你可能不需要用涂漆专用胶带盖住门合页来保护它们，但是对于新手那肯定是重要的一步。我们从来没有把一个户外门卸掉给它上漆，而且对漆出的

效果都还挺满意，所以我们属于让门安在那儿上漆的一类人（其他人可能更愿意把门取下来再上漆）。

3. 这一步是可选择的，因为你也可以把它们胶封起来，但我们喜欢将所有不影响门的安装的金属配件全部卸掉（也就是说，把合页留下，但是门把手要去掉）。

4. 在上底漆和涂料之前用砂纸把门打磨一下会很有帮助，这样就会取得表面附着力强而且美观光滑的效果。之后用液体消光剂把门上下擦洗干净。

5. 使用遮盖污迹的油性底漆不仅可以避免渗出还可以将本来需要五六层涂料的工序减少到两三层。如果你给门首先涂上了油性底漆，还有助于增加附着力并防止油漆开裂或剥落。费点力是完全值得的，对吗？

6. 等底漆干燥之后，用一个小泡沫棍给门涂上几层极薄而且均匀的半光泽外墙乳胶漆（你也可以用一把两英寸的斜角刷进入任何嵌板或缝隙；然后用泡沫辊消除刷子留下的痕迹）。薄而均匀地刷漆方法是避免污点或滴漏的关键，所以别着急，享受你每次慢慢抬起手臂轻轻上漆的过程吧！

注意：

登录 younghouselove.com/book 获取更多给门上漆的建议和照片。

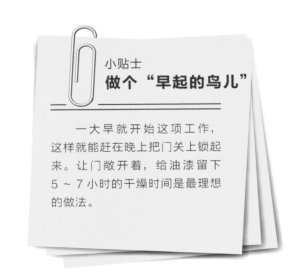

小贴士
做个"早起的鸟儿"

一大早就开始这项工作，这样就能赶在晚上把门关上锁起来。让门敞开着，给油漆留下 5 ~ 7 小时的干燥时间是最理想的做法。

悬挂新的门牌号码

给你家的门牌号码做一次升级式的改观是一个如此简单又便宜的、给房子增加外观魅力的方法。

可以将门牌号挂在以下地方来添加魅力：

- 前门
- 门廊台阶的梯级竖板
- 房子临街正面的门旁边
- 门上方的玻璃顶
- 院子角落里的大石头或纪念牌

给脚下添加一些有魅力的东西吧

成本	不到 25 美元	
工作难度	费点力	
耗时	一下午	

可以用喷漆和一些涂漆专用胶带给普通门垫增添个性。
我们在宜家花了不到 5 美元买到了一个门垫，然后用剩余的油面青铜喷漆给它增加了一些趣味。只要胶封出你想要的图案，然后均匀地给垫子喷上几层外用级别的喷漆，再撕掉胶带就竣工了。谈到图案，你可以创造一些条纹、网格、折线、星号，或者在上面模印你的门牌号码。我们甚至设计了鹿的叉角的图案来创造一种调皮的假日效应。

234

给混凝土做的水盆漆上大胆的、欢快的颜色

黄色、酸橙色、红色甚至是李子色或蓝绿色都是适合水盆的颜色，选择权在你手里（我们用的是威士伯的 Full Sun）！用一把刷子给鸟的水盆涂上两到三层常规的老式外用乳胶漆就可以了，只是不要给里面涂漆，这样就不会影响鸟喝水。用这个办法可以给任何花园添加吸引力，也可以使一个原本平淡无奇的后院顿时充满活力。

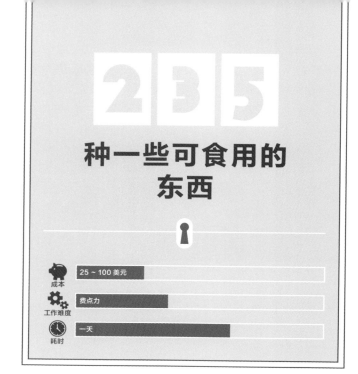

235

种一些可食用的东西

🐷 成本　25 ~ 100 美元

⚙ 工作难度　费点力

🕐 耗时　一天

如果你的院子里有一块儿空地，可以考虑在上面种一些香草或蔬菜而不是观赏性的灌木或青草。没有什么比自己种植新鲜的食物更好的了，这还可能使你更享受你的院子（因为你总是会徒步转悠到那里去摘些罗勒和西红柿）。

我们的一个好朋友总说雨水箱让她联想到炸药桶的样子。这是真的，但是他们也能提供免费的洗车和浇花用的水，还可以被隐藏起来，这样它们像桶一样的外观就不那么明显了。尝试在花园附近的落水管下面加一个雨水箱，然后接上一个渗水管。只要每天将喷口打开 15 分钟就能自动给花园浇水（而且是零成本的）。你可以用格架、小木栅栏、灌木或葡萄架，或者其他绿色的东西把雨水箱遮挡起来，甚至还可以给它喷上几层本来用于塑料制品的外用型喷漆（比如 Rust-Oleum 的 Universal），使它的颜色与你的房子颜色或你周围的绿色融为一体。

236

添加一个雨水箱

一个油面青铜色的似手工制作的灯笼通常是一个经典的选择

这个有光泽的工业造型的镀铬灯具在灯泡周围有一个酷酷的笼架

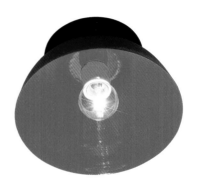

这实际上是一个室内的壁灯，但是用一些颜色鲜明的喷漆就能将它改造成一个户外灯

237

升级户外灯

换掉一个单调的老户外灯可以增添很多个性。这里有几个选项。

我在黑暗的地方大便不出来

这个样子的时尚磨砂灯罩增添了干净利落的线条和简洁的风格

这个圆柱形的户外灯从顶部和底部射出光线，有种酷酷的现代效果

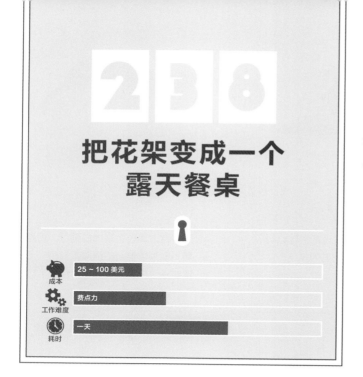

238

把花架变成一个露天餐桌

🐷 成本 　25～100美元

⚙️ 工作难度 　费点力

🕐 耗时 　一天

给一个超大号的花架（最好大概28英寸高）表面盖上一大块儿圆形木头（去当地的储木场、家装中心或旧货店找找），把它当做一个露天餐桌。要确保花架足够宽能支撑得起这个木头顶盖而不会不稳当。为了在室外使用，给它染色并密封之后，用高强度的建筑用黏合剂粘牢，然后就可以搬来几把椅子享受一番了。

小贴士
获取一些免费的帮助

说到容易的转变、简单的改造，你可以将室外庭院里的工作从消极转变成积极的。如果你有不想要的树、灌木丛或一块儿地，试着在克雷格列表网站上刊登一则广告，名为"你如果愿意，它就是你的"。有人通常很乐意免费从你这里接受一些东西，他们会提供所有的劳力来换取这些绿色植被。

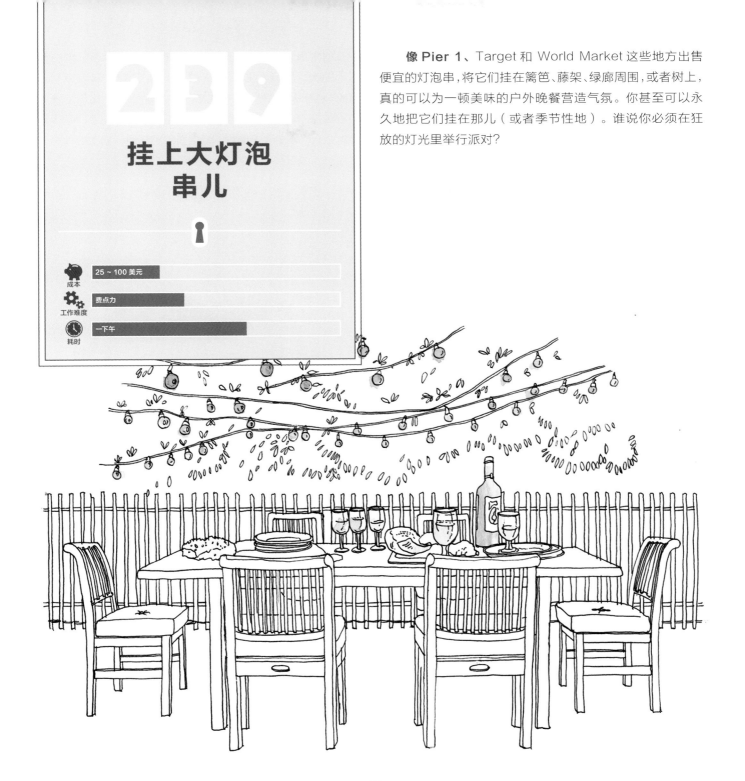

239

挂上大灯泡串儿

成本 25 ~ 100 美元

工作难度 费点力

耗时 一下午

像 **Pier 1**、Target 和 World Market 这些地方出售便宜的灯泡串，将它们挂在篱笆、藤架、绿廊周围，或者树上，真的可以为一顿美味的户外晚餐营造气氛。你甚至可以永久地把它们挂在那儿（或者季节性地）。谁说你必须在狂放的灯光里举行派对？

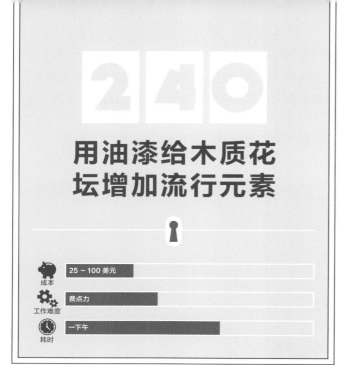

给木质花坛上漆可以在一个下午的时间里将它们提升几个档次。做起来和听起来一样简单。选择一种带有半光泽的外用油漆，用刷子或小泡沫辊给花坛薄而均匀地抹上几层油漆（先上底漆没坏处，但是我们当时没上，而效果也挺好）。等油漆干燥后，给里面种上任何你喜欢的植物，你会对这个漂亮可爱的花坛感到惊讶的。

一个普通的木质花坛本身就很漂亮

但是如果你在院子里能使用一些鲜明的颜色，就能立刻给它增添活力

241

贝妮塔的升级
户外装修

客座博主的家装想法

博主:
贝妮塔·拉森

博客:
拉森驾到(WWW.CHEZLARSSON.COM)

地址:
瑞典的斯德哥尔摩

最喜欢的图案:
圆点

最喜欢使用的工具:
我爱我的鼠标砂光机

最喜欢的DIY伙伴:
"小小"——我的小猫中的一只,它总是冲我伸出一只爪子。

在我和威利,我们十几岁的儿子,还有我的两只猫——米尼和博努斯,搬进新买的这个二手房子之前,我们一直住在1954年建造的这所房屋里。虽然室内的一些原貌仍然很漂亮,但前门旁边的一块儿地方并不是很美观。我担心这种杂草丛生的样子对我们没有什么好处。

备件:

■ 耙子和铁铲

■ 隔草膜

■ 砾石或其他铺路基础材料

■ 乳胶漆(门上用)

■ 水管

■ 混凝土块儿

■ 聚合砂

■ 小卵石或其他景观石

1. **清理空间。**一开始我先除掉青草(只有一点)和杂草(有很多),然后铺上一层能阻止杂草再生但仍然能让水流进去的特殊薄膜。在原来的房子我也使用的是同种方法,确实很管用。也许几年之后仍然会出现一点杂草,但是它们的根不深,容易拔除。

2. **铺设路基。**在这个薄膜上面,我用铁铲铺上了一层4英寸厚的沙砾和石子的混合物作为地基,这样不仅能把薄膜压实还能使表面比较平坦。如果这是一条车道,就有必要用重型压路机来碾压沙砾和石子的混合物,但是我们只在这条路上行走和停放自行车,所以我只是通过给它浇水然后在上面跳几圈舞的方法把它压平了,期间要用一个平耙不停敲击表面。我保证邻居们可是有好戏看了。

3. **创造一个门前露台。**等砂石混合路基铺好之后,我又沿着门前多出来的这一块儿露台的长度铺了三行混凝土块儿(之前在门口只有托盘那么大的一个露台)。混凝土块儿只是简单地并排放在一起,然后用刷子将防杂草的聚合砂填进缝隙里,再用水冲,直到落实。

4. **撒石子**。为了覆盖这条小路和混凝土块儿旁边的区域，我用了 1.25 英寸厚的一层灰色小卵石。我只是很喜欢圆形的、柔和的小卵石和旁边粗糙的方形的混凝土露台之间形成的鲜明对比。

5. **增加一些颜色。** 这项工作的最后一步点睛之笔就是把门漆成我最喜欢的绿色然后添加一个门垫。

这完全就是我希望的样子——干净、简洁、讨人喜欢。我爱它！

242

在门上添加
一个贴花

成本 不到 25 美元

工作难度 不费力

耗时 一小时

贴花并非只能用于室内墙壁， 它们同样也是增加外观魅力来赢得邻居称赞的好方法。

1. 在网上购买一个你喜欢的乙烯基贴花纸（我们在 Etsy 网页上搜索"地址贴花"，花了 6 美元买到了）。

2. 找准门的中心位置，仔细地贴上贴花，使它处于中心水平位置（用水平仪和码尺或直尺来检验此项会减少你的挫败感）。

3. 按照提供的贴花的使用说明操作。我们的贴花只需要将它用刮擦的方式在门上贴牢，然后撕下上面的纸即可。

4. 亲切地接受邻居们和蔼的称赞吧！

243

添加一个窗台
花箱

窗台花箱能给一个平淡无奇的表面（窗户甚至是阳台栏杆）带来了不起的魅力和立体感，给它填满五颜六色的花朵会使整个外观得到升级。悬挂窗台花箱的方法要遵循具体说明（随花箱类型的不同而改变）。你可以在许多大型超市、专业花园中心、网站，甚至废旧物品打捞店里找到它们。

几句离别致辞

那么就到这儿了，这是本书的末尾。想象我们站在甲板上，随着你的船驶进夕阳，我们挥手流涕，而你将开始你自己的家装之旅。虽然已至此书的结尾，但这只是你在家装战线上冒险尝试的开头。房屋改造中最精彩的一点就在于这是一项永无止境的工作，你可以不断地重新构思、重新创造一些东西来满足你不断改变的口味和需求。只是别忘了，房屋装修不是一场冲刺，所以不要跑那么快，试着放松下来，享受这个过程。我们的口号一般是"每次一项工作"，所以我们一直记得放慢脚步，不要在整个过程中有太大压力。

答应我们你绝对不会着手你完全不喜欢的东西，尤其是当你可以拿起漆刷或锤子，将某件东西改造得更符合习惯、更实用，或者只是更漂亮的时候。而作为回报，我们向你保证，当你把某件东西变得更好时，你会有很多自豪感和满足感，即使你正在做的东西超级便宜、特别简单。因此，所有这些打磨呀、上底漆呀、上涂料呀、挂装饰品呀、用锤子敲打呀、重新布置呀、钻孔呀，所有的犹豫不决、担心忧虑、欢笑和泪水以及天真的梦想，最终都是值得的。而且最重要的是，你的房子会有一种属于你的，家的感觉。

尽情地享受家装的旅程吧，绝对不要停止思考"如果……会怎么样？"

祝大家旅途愉快！

嘿……

更多幕后花絮、照片和细节，请访问
younghouselove.com/book。

致谢

万分感谢 Rachel Sussman、Judy Pray、Jen Renzi、 Kip Dawkins、Marcie Blough、Susan Victoria、 Emma Kelly、Susan Baldaserini、Ann Bramson、Trent Duffy、Molly Erman、Bridget Heiking、 Sarah Hermalyn、Michelle Ishay、Sibylle Kazeroid、Allison McGeehon、Nancy Murray、Barbara Peragine、Lia Ronnen 和 Kara Strubel，是他们帮助我们将一堆潦草的稿子变成一本书。这到现在都让我们难以相信。当然，也非常感谢我们的朋友和家人——是他们让我们保持清醒的头脑，让我们开怀大笑，在我们头发上染上油漆时提醒我们（这是常有的事）。我们很想将他们的名字一一列出来，但是也得面对现实——我们是个大家庭。如果没有我们了不起的父母，我们也绝对不可能完成这本书的写作，是他们在我们写书的时候帮我们照顾克莱拉，在我们忙得连自己的名字都记不起来的时候提醒我们该吃东西了。另外，还要特别感谢 Stefanie、Kate、Jessica、Layla、Kevin、Ana、Dana、Nicole、Abby 和 Benita—— 我们爱你们！非常感谢你们作为客座博主为我们提供的一些有启发性的家装想法！还要谢谢 Katie B 和 Cat 两只猫咪在我们工作的时候给予我们的巨大鼓励（和滑稽的调剂）——亲吻，真的。顺便，我们还特别感谢所有其他的博客、设计师以及给我们启发和灵感的人们。让我们再激动一会儿，对于我们博客的读者，我们亲爱的、了不起的、神奇的读者。我们十分清楚是你们让我们的理想成为可能，我们由衷地感谢你们给予的爱、支持、善意的话语和鼓励。我们很感激有机会与你们分享我们的冒险之旅，所以感谢你们的阅读，是你们让我们的每一天焕发光彩。